中华家训代代传

爱国

篇

总　主　编　　吴荣山　祝贵耀

本册主编　　姚彩萍　张君杰

浙江古籍出版社

《中华家训代代传》编委会

顾　　问：屠立平

主　　编：吴荣山　　祝贵耀

编写人员：姚彩萍　张君杰　江惠红　沈凌霞

俞亚娟　蒋玲娣　姚正燕　周　佳

沈益萍　陈园园

编者的话

　　家训是我国传统文化中极具特色的部分，它以深厚的文化内涵和独特的艺术形式真实地反映了时代风貌和社会生活。在孩子人生成长的萌芽期，听一听祖祖辈辈流传下来的话，可以获得丰厚的精神养料，有助于树立正确的"三观"。

　　曾经家传，而今弘扬。新时代重读优秀的古代家训，就是希望以好家风支撑起全社会的好风气，把家庭的传统美德传承下去。为此，我们策划与编写了《中华家训代代传》丛书。丛书包含"爱国篇""立志篇""勉学篇""孝悌篇"和"明礼篇"五个分册，收录三百则家训。每一分册以"故事会"为引领，结合故事遴选历代家训良言，再配以注释、译文，帮助初涉人世的青少年了解古人的治家典范，学习优秀的家风家训，达到"立德树人"之愿景。

　　本丛书选编的每一则家训，都经过千挑万选、反复斟酌。这些进德修身、励志勉学、孝老敬长、睦亲齐家、报国恤民的好家训，有三大特点：

　　经典性。每则家训、每个故事均是中华传世经典，突出爱国、立志、勉学、孝悌、明礼等中华优秀传统文化。在经典的熏陶下，有助于孩子形成健康的品格和健全的人格。

　　适宜性。每则家训、每个故事均有适宜的思想主题，且适合诵读、易于理解，既能让孩子从小受到传统文化的熏陶，传递正能量，也能为语文学习积淀文言语感、言语思维。

趣味性。每则家训、每个故事短小精悍，那一个个历史故事、寓言故事、名人故事，让家训变得更有魅力、更有滋味。孩子们可以一边品着妙趣横生的故事，一边读着寓意深远的家训。

本丛书以正确的理念引导孩子，以规范的家训约束孩子，以优良的家风塑造孩子，以生动的故事感染孩子，以典型的人物影响孩子。

"爱国篇"以弘扬爱国主义精神为核心，引导孩子深刻认识"中国梦"的含义，以增强国家认同感和自豪感，培养自信、自尊、自强的健康人格。"立志篇"以培植正心笃志的人格为重点，引导孩子从小树立远大的志向，明白立志、立长志的重要性，懂得志向不在大小，而在奋发向上、矢志不渝、初心不改。"勉学篇"以锤炼积极进取的态度为目的，引导孩子明白"好学"还需"力行"、"温故"又能"知新"的道理，做到"学""思"合一、"知""行"合一。"孝悌篇"以感恩父母、孝敬长辈为主题，引导孩子树立尊亲、敬亲、养亲、顺亲、谏亲的孝道观，懂得感恩与回报。同时"老吾老以及人之老"，做到尊师、敬老。"明礼篇"以完善道德品质为追求，引导孩子养成良好的行为习惯，正确处理个人与他人、个人与社会、个人与自然的关系，从小做一个辨是非、知荣辱、明礼仪的好孩子。

学习家训，也要与时俱进，要善于利用现代媒体和手段去搜索，要善于紧跟时代的潮流和步伐去践行。《中华家训代代传》向孩子们的学习和生活开放，向社会的建设和创新开放，向国家的需要和发展开放，让孩子们去认同、去传承、去创造，在"家训"里成长，向着阳光，向着未来！

目 录
CONTENTS

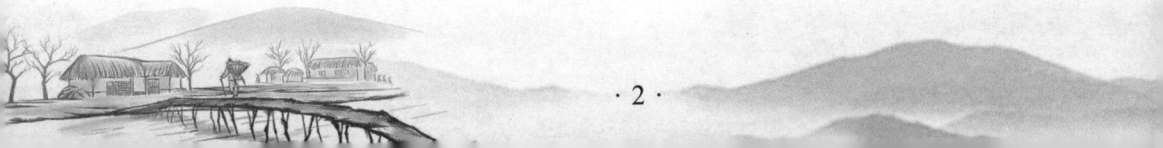

率众东征图

周公

务本节用则国富，进贤使能则国强，兴学育才则国盛，交邻有道则国安。

1. 大智兴邦，大愚误国

战？不战？

公元前597年，楚国因不满郑国明里与自己结盟，暗里投靠晋国，于是向郑国发动了大规模的进攻，楚庄王亲率大军围困郑国。

楚国连续攻打了三个月，攻占了郑国都城。郑国投降后，和楚国争雄的晋国才发来救兵。正准备返国的楚军在"战"与"不战"的问题上产生了分歧。

楚庄王想退兵，而他的爱臣伍参主战，令尹孙叔敖主和。伍参说："我们大老远跑来干吗？不就是打仗吗？既然来了，就痛痛快快打一场！"孙叔敖怒斥道："当年讨伐陈国，现在又攻打郑国，我们楚国并非毫发无损，该休息休息了！如果不能打赢晋国，把你的肉吃了么？"

伍参反驳说："如果打了胜仗，你孙叔敖就是无谋之人！如果打了败仗，我的肉在晋军那里，哪轮得到你孙叔敖吃呢？"孙叔敖不再理会伍参，下令掉转车头，准备领着自己的队伍回楚。

伍参又对楚庄王说："晋军元帅荀林父是新上任的，还不能真正让下属听从他的命令。荀林父的辅佐官先縠（hú）刚愎自用，不肯听从荀林父的命令。晋军内部已经乱作一团了，这次他们一定会

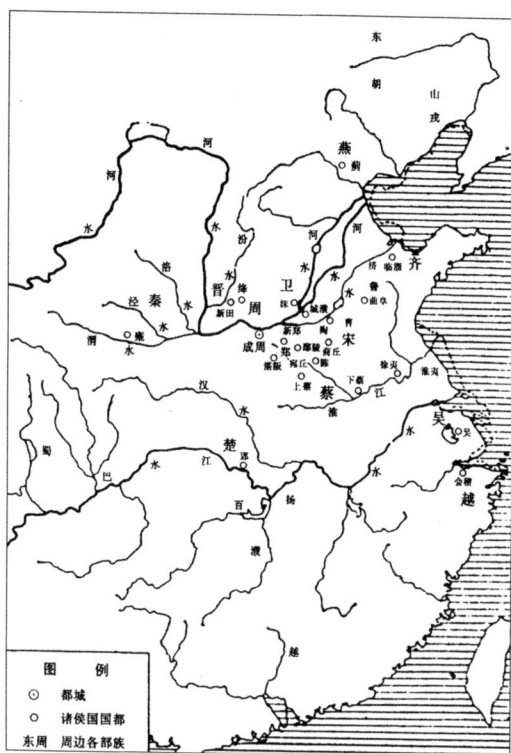

春秋列国形势图

吃败仗的！”伍参接着又用激将法：“再说了，您是国君，晋军主帅是臣子，一个国君见了敌军的臣子就吓跑了，您该怎么面对您的臣民呢？”

楚庄王暗自一想：伍参的话还挺有道理的呀！于是马上命令孙叔敖回来，打算驻扎在管地（今河南郑州），与晋军一决高下。晋楚两军在邲（bì，今河南荥阳北）大战一场，晋国指挥混乱，大败而归。

大智兴邦①，不过集众思；大愚误国，只为好自用②。

——[五代十国]钱镠（liú）《钱氏家训》

①兴邦：振兴国家。
②自用：自以为是。

■=译文=■

有大智慧的人可以让国家兴盛，只因为他集中了众人的智慧；愚昧无知的人使国家受害，只因为他自以为是。

■=小叮咛=■

"三个臭皮匠，顶个诸葛亮。"众人的智慧比个人的智慧大得多，因而我们要懂得听取他人的建议，善于利用他人的智慧。小朋友，现在你明白什么样的人是"大智"，什么样的人是"大愚"了吗？

2. 人正义正气自正

正气浩然的文天祥

1275 年，蒙古军队侵略江南地区，当时宋恭帝年幼，朝廷大事都由他的祖母谢太后做主。谢太后见蒙古大军兵临城下，朝内又无抵挡的兵力，就派人到伯颜军营求和。

文天祥临危受命，来到元军大营。一见伯颜，双方就唇枪舌剑地交锋起来。文天祥义正词严地说："你们蒙古若想消灭我宋朝，未必有什么好结果，因为我们南方的广大军民一定会同你们抗争到底！"

伯颜威胁说："你文天祥若不老老实实投降，只怕今日饶不得你。"文天祥毫不退缩地回答："我文天祥忠心为国，何惧刀山火海！"伯颜非常恼怒，就将文天祥囚禁了起来。

后来，文天祥趁元兵不防备，同他的随从杜浒等十二人连夜逃脱。此后，他积极招募人马，组织抗元，转战江西、福建各地，多次打败元军，先后收复了不少县城。但最终寡不敌众，全军覆灭，文天祥再次被俘。

当时，雄心勃勃的元帝忽必烈正在搜罗中原人才。他先派降臣王积翁去劝降，后来又亲自召见文天祥，问他还有什么愿望。文天祥回答说："人生自古谁无死，留取丹心照汗青。我受国家重托担任宰相，

怎能又投降元朝？我的愿望就是赐我一死。"忽必烈不愿杀他，就将他囚禁在元都好多年。在牢房中，文天祥写下了千古传颂的《正气歌》。

1282 年，民间义士聚集了数千兵马，扬言要攻破大都，救出文天祥。忽必烈为绝后患，下令处死文天祥。临刑时，文天祥面无惧色，他朝南跪拜，从容地说："我的事情到此完结了。"然后慷慨就义。

他的妻子为他大殓时，发现他的衣带中有一篇文章，上面写道："孔子说'成仁'，孟子说'取义'，只有义尽，所以仁至。读圣贤的书，学到了什么？从今以后，我真正做到无愧于己了。"

聆听家训

庙堂①之上，以养正气为先；
海宇之内，以养元气②为本。
——[五代十国]钱镠《钱氏家训》

①庙堂：朝廷。
②元气：人或国家、组织的生命力。

译文

朝廷中，要把培养刚正气节作为首要；普天之下，要把培养元气生机作为根本。

小叮咛

小朋友，正气不仅仅是"庙堂之上"的人所需要的，同样，普通人也需要"养正气"，要懂得：人生在世，贵在立身。立身处世，必须要讲一个"正"字。这个"正"有三点：人正、义正、气正。

3.唯才是举

钱学森进贤使能

中华人民共和国成立之后，在钱学森等一批科学家的带领下，我国的科学技术有了长足的发展。

1967 年 3 月，我国加快了卫星研制速度，加强了卫星总体工作。聂荣臻元帅向担任空间技术研究院首任院长的钱学森征询意见，问他谁是最合适的人选，钱学森立刻就推荐了孙家栋。

孙家栋的"家庭成分"并不好，而且当时中国和苏联的关系恶化，而孙家栋则在苏联留学了八年。这些在当时的政治条件下都是很不利的因素，因此很多人对孙家栋这个人选有很大的顾虑。可是钱学森觉得孙家栋爱国敬业，是一个可信任的、有培养前途的中青年专家，因此坚持自己的意见。

终于，聂荣臻元帅同意了钱学森的推荐，让孙家栋担任卫星总体技术总负责人，领导我国第一颗人造地球卫星"东方红一号"的研制工作。

钱学森对孙家栋的工作十分支持，在他的关怀下，孙家栋得以全心全意投入科研工作中。1970 年 4 月 24 日，"东方红一号"在酒泉卫星发射中心成功发射，不仅让世界人民能看见卫星，而且能听到太空传来的《东方红》乐曲。

钱学森的进贤使能让孙家栋脱颖而出，也使中国的航空航天事业得到了更快的发展，让中国走向了更富强的道路。

聆听家训

　　　　务本①节用②则国富，进贤使能则国强，兴学育才则国盛，交邻有道则国安。

　　　　　　——[五代十国]钱镠《钱氏家训》

①务本：古代以农为本，"务本"即积极发展农业。
②节用：节约开支。

译文

　　积极发展农业，在此基础上讲求节约，国家就能富裕；选拔、任用德才兼备的人，国家就会强大；兴办学校、培养人才，国家就会昌盛；与邻邦交往信守道义，国家就会安定。

小叮咛

　　"江山代有才人出，各领风骚数百年。"人才是一个地区、一个国家不可或缺的发展资源，是国家实力的表现。没有人才的民族是没有活力、没有竞争力的。纵览历史，我们可以看到，有时候一个人才的举用甚至可以改变整个国家的命运。小朋友，希望你努力成为这样的人！

4. 立场坚定不动摇

海瑞智斗胡公子

在浙江淳安，曾有一个小小知县，他秉公办事，不讲情面。不管什么疑难案件，到了他的手里，都一件件调查得水落石出，所以当地百姓都称他是"青天"。他的名字叫海瑞。

海瑞的顶头上司是浙江总督胡宗宪，他到处敲诈勒索，谁敢不顺他意，谁就会倒霉。

海瑞祠

有一次，胡宗宪的儿子带了一大批随从经过淳安，住在县里的官驿里。要是换了别的县官，一见到领导的公子，奉承都来不及呢！可是海瑞就不！在淳安，海瑞立下一条规矩，不管达官贵戚，一律按普通客人招待。

胡宗宪的儿子平时养尊处优惯了，看到官驿里招待自己的饭菜，认为是有意怠慢他，气得掀了饭桌。他喝令随从把驿吏捆绑起来，倒吊在梁上。

官驿里的差役吓坏了，赶快报告海瑞。海瑞知道胡公子招摇过境，本来已经感到厌烦，现在竟吊打起驿吏来，实在是太无法无天了，非"料理"一下他不可！

海瑞听完差役的报告，装作镇静地说："总督胡大人是个清廉的大臣，他早有吩咐，各县招待过往官吏不得铺张浪费。现在来的那个花花公子，排场阔绰，态度骄横，绝对不是胡大人的公子。一定是什么地方的坏人冒充胡公子，到本县招摇撞骗来了！"

说完，他立刻带了一批差役赶到驿馆，把胡宗宪儿子和他的随从统统抓了起来，带回县衙审讯。一开始，那个胡公子仗着父亲的官势，暴跳如雷，但海瑞一口咬定他是假冒公子，还说要把他重办，他才泄了气。海瑞又从他的行装里搜出几千两银子，统统没收充公，还把他狠狠教训了一顿，撵出了县境。

等胡公子回到杭州向他父亲哭诉的时候，海瑞的报告也已经送到总督府，说有人冒充胡公子，非法吊打驿吏。胡宗宪明知自己的儿子吃了大亏，但是海瑞信里没牵连到他，如果把这件事声张开来，反而失了自己的体面，就只好打落门牙往肚子里咽了。

执法如山，守身如玉，爱民如子，去蠹①如仇。

——[五代十国]钱镠《钱氏家训》

①蠹（dù）：泛指蛀蚀器物的虫子。比喻祸害集体的坏人。

译文

执行法令要像山脉那样毫不动摇，保持节操要像美玉那样洁白无瑕，爱护百姓要像对亲生子女般尽心，铲除奸贼要像对仇敌那样不手软。

小叮咛

小朋友，从这个小故事中，你肯定感受到了海瑞立场坚定、不畏强权、公正无私、执法如山的精神品质了吧？我们在学习、生活中明确自己的立场也是非常重要的。无论做任何事，都要有正确的立场，并坚持正确的立场不动摇，做一个刚正不阿的人。

5. 以报国为己任

匈奴未灭，何以家为

西汉初年，北方匈奴常常侵扰边境。到了汉武帝时，国力强盛，开始对匈奴的侵略进行反击。霍去病就是汉武帝时期的著名将领。

元朔六年（前123），年仅十七岁的霍去病以校尉身份，跟随舅舅卫青出征。他率领八百骑兵长途奔袭，斩获匈奴两千余人，战功冠于全军，因此被汉武帝封为"冠军侯"。

元狩二年（前121），十九岁的霍去病被授予骠骑将军，于春、夏两次率兵出击匈奴，同年秋成功接应投降的匈奴浑邪王入汉。元狩四年（前119）春，霍去病率骑兵五万、步兵十万，深入敌后两千余里，歼灭、俘虏匈奴七万余人。

在与匈奴的战斗中，霍去病显露出杰出的军事才能。汉武帝很喜欢这员名将，曾下令给他建造豪华

卫青（明·陈洪绶）

· 12 ·

宅邸，但霍去病拒绝了。他说："匈奴未灭，何以家为？"

元狩六年（前117），年仅二十三岁的霍去病猝然去世。汉武帝十分痛心，在自己将来的陵墓茂陵旁边为他修建了一座状如祁连山的坟墓，用以表彰他抗击匈奴的卓著功绩。

聆听家训

即叨①登进之荣，毋负生平所学。良臣循吏②，岂伊③异人，国计民生，胥④关分内；必明心而不愧，当受宠以若惊。

——[宋]陈氏族人《义门陈氏家训》

①叨（tāo）：谦词，表受之有愧。
②循吏：奉公守法的官员。
③伊：语助词。
④胥（xū）：皆，都。

译文

如果有幸受到做官的荣耀，不要辜负平生所学到的。做忠良的臣子、遵循法度的官吏，难道是别人才能做的事情吗？国家生计、民生大事，都是关乎自身的分内之事。一定要使自己内心清明无愧，把做官当作蒙受恩宠而感到意外惊喜。

小叮咛

一个全心爱着祖国的人，会给自己的生命注入用之不竭的成长源泉。小朋友，国家的荣辱兴衰与我们每个人都息息相关，只有国家安定昌隆，我们才能安居乐业，所以不论何时何地，我们每个人都应把国家利益放在首位。

6. 以德治国，以理服人

种瓜得瓜

战国时，梁国和楚国交界，两国在各自边境的地界里种了西瓜。梁国的士兵很勤快，他们定期对瓜苗浇水、锄草、施肥。经过士兵们的精心栽培，梁国的瓜藤长势喜人，叶子青绿，根茎肥硕，结出了很多西瓜。而楚国的瓜田似乎遇到了问题：瓜藤稀稀拉拉、毫无精神，瓜也结得又小又少。楚国士兵不知道是怎么回事，于是偷偷溜去梁国的瓜田暗中观察。结果，他们看到梁国士兵在瓜田里辛勤劳作的身影：浇水的浇水，锄草的锄草，施肥的施肥，大家分工有序，各司其职。

转眼到了西瓜收获的季节。眼看着梁国瓜田大丰收，梁国士兵吃得香甜满足的模样，楚国士兵却紧皱着眉头，他们的嫉妒心开始作祟了。这天趁着夜深人静，几个鬼鬼祟祟的身影从楚营中直奔梁国的瓜田。只见他们蹑手蹑脚，在梁国的瓜田里偷摘了好多大个儿西瓜，偷了还不罢休，他们恶意踩踏、扭断了好多瓜藤，然后才觉得"大功告成"，心满意足地溜回楚营去了。

第二天一早，梁国士兵发现自己的瓜田里一片狼藉，气愤地说："肯定是那些恬不知耻的楚国人干的！我们也去把楚国的瓜田毁了，以其人之道还治其人之身！"军营中好多人赞同这样的做法。

这件事传到了梁国边境的县令那里，他来到军营，对士兵们说："你们千万别去毁楚国的瓜田。从今天起，你们晚上偷偷去给楚国的瓜田浇水、锄草和施肥。记住按我说的去做，别让楚军发现。"

士兵们虽然不理解，但还是照做了。一段时间以后，楚营中就有人发现，他们的瓜田变好了，瓜苗好像恢复了生机，长得茂盛，结了很多大西瓜。楚国士兵觉得很纳闷。为了查明这件事，晚上他们特意安排了暗哨，结果意外地发现，竟然是梁国士兵在偷偷帮他们照顾瓜苗！楚军觉得很羞愧，往后再没有人到梁国瓜田里作乱了。

后来，梁楚两国成了和睦友好的邻邦。

聆听家训

善①治国者，必以德教②。德教行，则治道成。

——[宋]杨简《纪先训》

①善：擅长，长于。
②教：教育，教化。

译文

善于治理国家的人，一定用德教化百姓。道德教化盛行，那么治理之路就通顺。

小叮咛

小朋友，现代社会倡导的是德才兼备，我们不仅要具备才学智慧，更要完备道德修养。只有这样，我们才能自觉地扬善抑恶、明辨是非，远离低级趣味，保持个人和社会的健康发展。

7. 有理走遍天下

朱德一心报国寻真理

朱德的一生是革命的一生。他早年就从事反对帝国主义和封建主义的活动。1915 年，他参加了讨伐袁世凯称帝的起义，在滇军蔡锷将军部下任团长，屡立战功，升任少将旅长。后来，蔡锷逝世，滇军内部逐步分化，于是朱德对资产阶级民主革命不再抱有希望。

朱德一心报国，却找不到救国救民之路，内心痛苦不已。后来，继俄国十月革命之后，中国爆发了五四运动，马克思主义在中国传播开来。1921 年，无产阶级政党中国共产党诞生。朱德仿佛在暗夜里见到了一盏明灯，激动异常。他如饥似渴地阅读能够搜集到的所有进步书刊。他的人生有了新的希望，于是他放弃了滇军将军的高官厚禄，寻求新的救国救民之路。

1922 年春，朱德踏上征途，到中国共产党的诞生地——上海寻找党组织。那时，党中央的领导人陈独秀因朱德在军阀部队当过少将，怀疑他参加革命的诚心，于是对他颇为冷漠。但朱德没有放弃，他在上海、北京、张家口等地进行了几个月的考察，目睹祖国各族人民的苦难，更加认定只有中国共产党才是中国革命力量的旗帜。

1922 年 8 月，朱德踏上了去德国的征途，他打算去马克思的故乡探寻他心目中日益明晰的信仰——马克思主义。10 月下旬，他到达柏林。朱德阅读了大量马克思主义经典著作，并得知柏林有一个由中国留学生组成的中国共产党支部。经多方打听和找寻，他终于见到了中国共产党旅欧总支部负责人——周恩来。共同的信仰，共同的理想，共同的语言，使两人一见如故，他们建立了深厚的革命友谊。这年冬天，经周恩来介绍，朱德加入了中国共产党。

从此，朱德在中国共产党的指引下，开启了新的航程。

聆听家训

天下无难处之事，万事有一定之理，以理处事，达①之天下无非议②。

——[明]吕坤《四礼翼》

①达：畅通。

②非议：责备。

译文

天下没有难以处理的事情，每一件事都有它自身的道理，以公认的道理去处理事情，那么畅达天下就不会再有人指责什么了。

小叮咛

在生活和学习中，我们难免与他人产生矛盾或分歧，这个时候试着心平气和地跟对方讲讲道理，一些小矛盾可能就会愉快地化解哦！国家制定的各种法律条文其实就是整个社会约定的道理。小朋友，希望你在生活中做一个懂理、明理的好孩子！

8.崇道尚德，上上之人

"糊涂官"不糊涂

都说"上有天堂，下有苏杭"，但在明朝，繁华富庶的苏州却是公认的全国最难治理的地方之一。为什么呢？地方好，来的人就多；人一多，就鱼龙混杂。这苏州府成了些什么人的天下？主办织造的太监，往来于沿江沿海的卫所军官，地方的乡宦豪富……哪一个你得罪得起？因此当时的苏州官奸吏贪，税粮繁重，当地百姓苦不堪言，很多人逃到外地。所以做苏州的百姓苦，做苏州的知府难。

况钟上任前，明宣宗不仅设宴为他饯行，还特别给予"敕书"，特许他直接向皇上选送奏章，只要是公差官员有"违法害民者"，况钟可立即"提人解京"法办。

况钟一到任上，并没有立即拿出"敕书"。他故意装扮成一副愚蠢无知、庸庸碌碌的样子。属官和府吏报来的材料，他都一切照准。下属们都认为来了一个糊涂官，继续我行我素。

况钟表面装聋作哑，心里却洞若观火。不多久，他就详细掌握了一批奸吏玩忽职守、贪污受贿的确凿证据。一天，况钟忽然下令："府衙属官和府吏统统到大堂听审！"所有人员到齐后，况钟仪表威严，凛然升堂，当众大声宣布：某一天，甲官员因何事受贿多少；

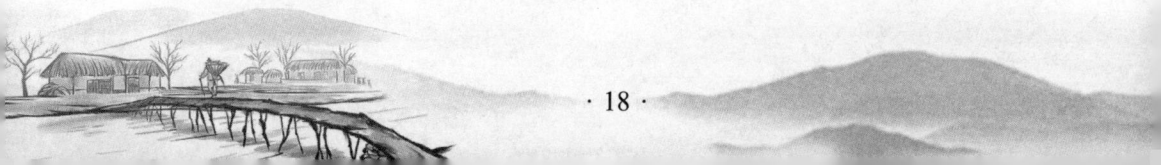

某一天，乙官员因何事受贿多少……并亮出"敕书"，当场宣读。

满堂官员大惊失色，这才明白过来，原来是中了这个"糊涂官"的欲擒故纵之计啊！但为时已晚，他们不得不一一低头认罪。况钟当众处死了六个贪污不法的官吏。随后，他对苏州府各县的陈年旧案一一进行审查清理，短短八个月，就查清了一千五百多件案子。经过这番整治，属下的官吏再也不敢为非作歹了。

贤者在位，能者布职①，朝廷崇礼，百僚②敬让，道德之行由内及外，自近者始。

——[明]朱棣《圣学心法》

①布职：安排官职。
②僚：官吏。

=译文=

贤德的人居于掌权的地位，有才干的人担当合适的职务，朝廷尊崇礼仪，百官恭敬谦让，道德的施行由朝廷推及民间，从皇帝身边的人开始。

=小叮咛=

良好的品德并非一两天就能练就，它需要不断地引导和培育，也少不了良好环境的熏陶。小朋友，一个人的良好品德应该从小培养，从生活中点点滴滴的小事抓起。

9. 不以规矩，无以成方圆

在中国要守中国的规矩

冯玉祥是中国国民党爱国将领，毛泽东曾赞誉他"置身民主，功在国家"。他当年担任陕西督军的时候，有一次接待了两个外国人。他很有礼貌地请他们坐下谈话。

两个外国人打开旅行袋，拿出一块新鲜的野牛肉，要送给冯玉祥。

冯玉祥问："哪里弄来的野牛肉？"

外国人回答："是我们在终南山打猎打来的。那野牛可凶得很哪，不好打！"

冯玉祥皱起了眉头："你们到终南山打猎，和谁打过招呼吗？领过许可证吗？"

外国人忙说："我们打的是野牛，没有主人，用不着和谁打招呼。"

冯玉祥忽然沉下脸，严肃地说："终南山在我们中国，当然是我们中国的领土。野牛生在这里，自然归我

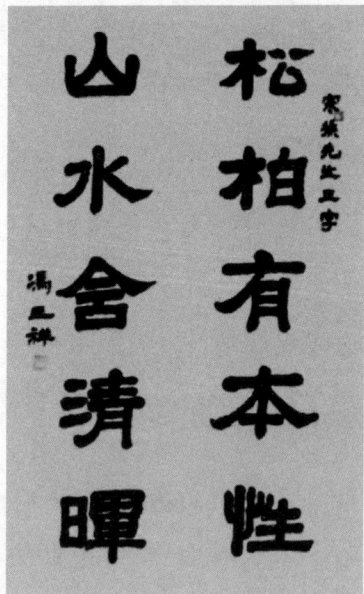

松柏有本性

山水含清暉

农历九此三字

冯玉祥

冯玉祥书法

· 20 ·

国所有！你们怎么说没有主人？你们不经允许，私自猎牛，这是犯法的！我作为地方官，有保护国家主权的责任。你们在中国就要守中国的规矩！不能蛮不讲理！"

两个外国人理屈词穷，只得承认做了错事。

聆听家训

苟不能胥匡以道，则必自荒厥①德，若网之无纲②，众目难举，上无所毗③，下无所法，则沦胥④之渐矣。

——[明]仁孝皇后徐氏《内训》

①厥（jué）：其，他的。

②纲：提网的总绳。

③毗（pí）：辅助。

④沦胥：相率牵连。

译文

如果不能以正道辅助君主，那么就荒废了自己的德行。就好像网没有总绳，众多网眼无法张开。君主没有辅助的，臣民失去效法的，国势也就一天天衰退了。

小叮咛

孟子说："不以规矩，不能成方圆。"国有国法，家有家规，不尊重法律和规则，就不可能有良好的秩序。小朋友，如果个人行为凌驾在制度约束之上，这将是一件非常可怕的事情呢！希望你能从小树立规则意识、法律意识哦！

10. 恪尽职守，用心做事

容闳以留学教育兴国

1854 年，容闳（hóng）在美国耶鲁大学毕业，成为近代中国在美国读完大学的第一人。归国后，容闳积极推动留学教育，成为教育兴国的一代先驱。

容闳在美国留学期间，耳闻目睹并深刻感受到了西方物质文明的发达，意识到了祖国的落后。于是，他立志要将西方的科学技术传播到祖国，让祖国更加振兴强大。但是，仅仅依靠他一个人的力量怎么够呢？容闳希望能有更多的人接受留学教育。怀揣着这样的理念和目的，他迅速回到了祖国。

在友人的介绍下，容闳成了曾国藩的幕僚，并得到了曾国藩的赏识。他每每抓住机会向曾国藩提议选派青少年出国留学，学习西方先进的科学技术。但因为事关重大，有很多方面的问题要解决，此事并没有得到立即实施。

1870 年，天津发生传教士风波，朝廷委派曾国藩、丁日昌去天津与法国代表谈判。容闳作为翻译随行。他抓住机会，力促丁日昌向曾国藩提出选派留学生出国学习的事。

令人欣喜的是，不久，曾国藩和总理衙门的大臣同意了此事。

年底，此事也得到了同治皇帝的批准。容闳异常激动，草拟了《挑选幼童赴美肄业章程》，规定每年挑选十至十六岁的幼童三十名赴美学习，所需经费从中国海关收入中开支。幼童赴美前，先在上海学一年英文；学成归国后，由清政府任用。

可是挑选谁出国呢？当时的国人可不像现在，把出国当成时尚，那时大多人非常保守，把外国视为"蛮夷之地"，将出国视作"放逐"。所以，那些有权势的人家，都极力反对让自己的孩子出国。为此，容闳真是费尽了心力。最终，他精心挑选了三十名贫苦人家的孩子，并安排他们于1872年8月11日在上海乘船出发。

这些近代中国第一批公费出国留学的学生，其中就有梁敦彦、詹天佑等。学成归国后，他们各展所长，投身祖国建设，为祖国的振兴和发展作出了贡献。

中国近代第一批留学生

治①各有体，官各有职，人各有长，事各有要。如天地山川，一定而不可易②。

——[明]刘良臣《凤川子克己示儿编》

①治：治理，管理。

②易：改变，变换。

译文

管理各有体系，做官各有职责，人各有长处，事情各有重要部分。就像天地山川，一旦定下就不可以随意改变。

小叮咛

小朋友，我们每个人都要有责任感，应尽可能发挥各自所长，努力做好本职，在家里、在学校里为父母、为老师积极承担一些力所能及的事情。你知道我们现在最主要的事情是什么吗？你能做得到吗？

11. 谦让是一种美德

六尺巷

在我国安徽桐城，有一条很出名的巷子——六尺巷，当地百姓对它的来历总是津津乐道。

清朝康熙年间，任文华殿大学士（相当于宰相）兼礼部尚书的张英，他的老家与吴姓富豪相邻。两家之间有一条三尺宽的空地，但因为两家宅邸都是祖产，且年代久远，这三尺空地到底属于哪家，谁也不清楚。

有一天，张英收到一封家信，信中交代，吴家因重修房舍，要动用这三尺空地，而张家自然也不肯相让，于是两家发生纠纷。家人请求张英撑腰，摆平吴家。

张英看完信后坦然一笑，挥笔写了一封信，劝家人要谦让，并附诗一首：

> 千里修书只为墙，
> 让他三尺又何妨？
> 万里长城今犹在，
> 不见当年秦始皇。

这首诗的意思是说：从千里之外来的家书只是为了一堵墙，你

让对方三尺又有多大损失呢？雄伟的万里长城今天依然屹立不倒，但是当年建造它的秦始皇早已经不在人世了。

张英是在劝告他的家人，不要因为芝麻大的小事而斤斤计较，再有价值的东西也不过是身外之物，何必争来抢去呢？

张英和睦礼让、豁达明理、达观大度的家教深深地影响了家人，张家人看罢来信，立即让出三尺地。吴家被张英的大度宽容感动，连连说："宰相肚里能撑船，张宰相真的是好肚量啊！"于是也随即礼让三尺。

从此，两家不仅化解了纠纷，还为过路的行人留下了一条六尺宽的通行巷道，大大方便了往来的百姓。

后来，张英的儿子张廷玉历仕三朝，官至大学士，他绝不像一般的"官二代"或"富二代"那般不可一世，他的名声更是大大超过了他的父亲，他去世后成为清朝唯一一位配享太庙的汉臣。可见贤臣张英家教之严、之有效！

如今，这六尺巷已成为中华民族和睦谦让的美德的见证。

聆听家训

交让①之树，递②荣递枯，犹能让也。一家让，一国兴让，荣莫尚焉，奚③以人而不如树乎？

——[明]方弘静《方定之家训》

①交让：树名。

②递：交替，更迭。

③奚：怎么，为什么。

交让这种树木，交替着一边荣一边枯，好像能够谦让一样。一个家庭谦让，一个国家倡导谦让，没有比这更显荣耀的了。人难道会比不上树吗？

小叮咛

谦让是我们中华民族的传统美德，是形成和谐的社会秩序、文明的社会风气不可缺少的要素。小朋友，在平时的学习生活中，我们或许会发现身边的同学、朋友因为一些小事而起争执，当遇到这样的情况，你能及时劝导，并告诉他们谦让的道理吗？试试吧，让谦让之花在我们的身边绽放。

12. 长存仁爱之心

七老爷庙会的由来

明代崇祯年间，嘉善一带旱灾严重，乡野颗粒无收，饥民遍地，饿殍（piǎo）满野。当时有个姓金的老爷，是朝廷押运粮食的小官，他专门在运河上押送粮船。

一天，金老爷督运着大批皇粮路经嘉善西塘。运河两岸，骨瘦如柴的灾民围上来苦苦乞求粮食。金老爷见状，便动了恻隐之心，将运粮船队所有的粮食尽施于当地的百姓。

当地百姓分得粮食，度过灾年，对金老爷的义行感恩戴德。而皇粮给了百姓，这可是欺君之罪，要满门抄斩的呀！金老爷自知逃不过惩罚，为了不牵连家人，也为了保护百姓，他毅然投身于雁塔湾的河里自尽了。

护国随粮王庙内的香炉

为了纪念这位舍己救人的好官，百姓集资造了一座七老爷庙。后来，朝廷查清真相，为了安抚人心，顺水推舟追封七老爷为"利济侯"，后加封为"护国随粮王"，七老爷庙改名为"护国随粮王庙"。

如今，七老爷庙已成为西塘香火最旺的寺庙。四月初三七老爷诞辰也已成为西塘人一年中最大的民间节日，每当这一天，人山人海，非常壮观。

聆听家训

若但①知私己，而不知仁民爱物，是于大本一源②之道已悖③而失之矣。至于尊官厚禄，高居人上，则有拯民溺④救民饥之责。 ——[清]曾国藩《曾文正公家训》	①但：只，仅仅。 ②一源：同根同源。 ③悖（bèi）：违背。 ④溺：陷入困境。

译文

假如只知自私自利，而不知仁爱百姓，关爱万物，那么就和万民万物同根同源这个道理相背离而失去自我了。至于那些享有丰厚俸禄的大官，高居众人之上，就有拯救百姓于痛苦之中的责任。

小叮咛

七老爷有一颗"仁民爱物"之心，心系他人、情系民生。当百姓处于危难之际，他舍身相救，故而得到当地百姓世世代代的爱戴和传颂。小朋友，希望你也能心怀仁爱，以仁待人，以爱对物！

故事会

鲁迅为国弃医从文

1904 年，鲁迅在日本考进了仙台医学专门学校，立志学习现代医学，准备毕业后当一名医生。

其实，鲁迅当时在国内洋务学堂学的是矿务铁路，但他为什么要学医呢？原来在鲁迅十三岁时，家里遭到一场很大的变故，鲁迅的祖父因贿赂乡试主考官，案发被捕入狱，鲁迅家从此败落下来。而且祸不单行，当时他父亲得了肺病，经常吐血。因为当时医疗水平比较低，始终不能确诊是什么病，再加上家道败落，拿不出更多的钱来治病。于是就按照绍兴民间的土办法来止血，让病人喝陈年磨研出来的墨水；后来又请当地的郎中来诊治，吃了不少中药，还用了一些稀奇古怪的药引，但最终也没能挽回父亲的生命。

鲁迅雕像

鲁迅目睹当时中国医学的落后，国民体质的孱（chán）弱。中

国正处于落后挨打的局面，要使祖国强盛，国民必须有强健的体魄，这样才能抵抗外来侵略。所以鲁迅希望成为一名医生，救治像他父亲一样被误的病人的疾苦，战争时去当军医，到前线救死扶伤。

然而，鲁迅在日本仙台学习的第二年碰到了一件事情，使他改变了学医的志向。一次，老师在课堂上播放了一段时事幻灯片，播放的是不久前刚结束的日俄战争中，日本打败俄国的"战绩"：一群日本兵捉住一个据说是为俄国人当间谍的中国人，将他斩首示众，刑场上鲜血淋漓。刑场四周围了很多身强力壮的人，而这些围观的人竟然有很多是中国人！他们有的神情麻木、无动于衷，有的甚至跟着喝彩，拍手叫好。

这一幕给了鲁迅极大的刺激，他认识到：医学对中国的社会改造，并不是最紧要的。凡是愚弱的国民，即使体格健全、茁壮，也只能做"毫无意义的示众的材料和看客"。精神上的麻木远比身体上的虚弱更可怕！要改变中华民族落后挨打的悲剧命运，让中华民族永远屹立于世界民族之林，首要的是改变中国人的精神！在当时的鲁迅看来，改变精神最有力的工具，那就是文艺。

于是，鲁迅下定决心弃医从文。他离开仙台医学专门学校，回到东京，找到几个志同道合者，翻译外国文学作品，筹办文学杂志，发表文章，积极从事文学活动。

鲁迅是不朽的战士，他的作品和思想，是鼓舞人民从事新的历史创造活动的永具生命力的精神遗产！

士大夫①当实有忧国之心，莫徒②有忧国之语。当为天下必不可少之人，莫做天下必不可常之事。

①士大夫：古代对士人和官吏的统称。

②徒：只，仅仅。

——[明]王象晋《清寤斋心赏编》

■■译文■■

士大夫应该切实怀有忧国之心，而不要只把爱国的话挂在嘴上；应该成为国家不可或缺的人才，不要做毫无准则的事情。

■■小叮咛■■

王象晋的忧国之心，鲁迅的忧国之举，勉励了一代又一代的中华民众，他们这种以天下为己任的高尚品质也深深地烙在每个中国人的心中。见贤思齐，小朋友，我们也要向这些高尚的人学习，将爱国的种子在心间播种，学得一身本领，为社会主义建设事业添砖加瓦。

14. 好风气成就好习惯

孟母断机

战国时期，有个人叫孟轲。他刚上学的时候，很用心，写字一笔一画，很工整。不久，他觉得学习太辛苦，不如在外面玩耍快活，于是就逃学了。他常跑到山坡上树林中去玩，玩得不亦乐乎！

一天，他回到家里，正在织布的母亲问他："怎么这么早就放学了？"他只好承认逃学了。母亲生气地说："我辛辛苦苦织布供你读书，你却逃学？太没出息了！"小孟轲连忙给母亲跪下。

母亲拿起剪刀，一下子把没织完的布剪断了，说道："你不好好读书，就像这剪断的布，还有什么用处！"

小孟轲哭着说："我错了！今后再也不贪玩了。我一定好好读书！"从此，小孟轲勤奋学习，从不偷懒。后来，他成了著名的大思想家。

孟母断机教子图
（清·康涛）

一国有一国之习气，一乡有一乡之习气，一家有一家之习气。有可法①者，有足为戒②者。

①法：效法。
②戒：警惕，鉴戒。

——[清]左宗棠《左宗棠家书》

译文

一国有一国的国风，一乡有一乡的乡风，一家有一家的家风。有的可以效法，有的足以作为鉴戒。

小叮咛

环境会影响人的行为习惯，好的习惯能让人终身受益，而一旦养成坏习惯，如果不意识到，不去改正，则会变得不可收拾。小朋友，你的身边有哪些好的社会风气呢？你养成哪些好习惯了呢？

15. 国好才能家好

皮之不存，毛将焉附

有一年，魏国的东阳地区向国家上交的钱粮布帛比往年多出十倍，为此，大臣们一齐向魏文侯表示祝贺。

可是，魏文侯对这件事并不乐观。他思考着：东阳这个地方，土地并没有增加，人口也还是原来那么多，怎么一下子比往年多交了十倍的钱粮布帛呢？即使是丰收了，可是向国家上交的数量也是有规定的呀！这必定是各级官员向老百姓加重征收得来的！

这使他想起了一年前遇到的一件事。一天，魏文侯外出巡游，路上见到一个人将羊皮统子（统子：做衣服用的毛皮料子）反穿在身上，皮统子毛向内、皮朝外，那人背上背着一篓喂牲口的草。

魏文侯不解地问道："你为什么反着穿皮衣？"那人回答说："我很爱惜这件皮衣，我怕把毛露在外面搞坏了，特别是背东西时，我怕毛被磨掉。"

魏文侯听了，很认真地对那人说："其实皮子更重要，如果皮子磨破了，毛就没有依附的地方了。你舍皮保毛不是一个错误的想法吗？"

那人依然执迷不悟地背着草走了。

如今，官吏们大肆征收老百姓的钱粮布帛而不顾老百姓的死活，这跟那个反穿皮衣的人的行为有什么两样呢？

于是，魏文侯将大臣们召集起来，对他们讲这个故事，并说："皮之不存，毛将焉附？如果老百姓不得安宁，统治者的地位也难以巩固。希望你们记住这个道理，不要被一点小利蒙蔽，看不到实质。"众大臣深受启发。

═聆听家训═

皮之不存，毛将焉①附？覆②巢之下，岂有完卵？国之不存，何以为家？卫国御敌乃吾族之责也。

①焉：哪里。
②覆：倾覆。

——[清] 陕西白河黄氏族人《黄氏家规》

═译文═

皮都没有了，毛往哪里依附呢？倾覆的鸟巢下面，难道还会有完整的鸟蛋吗？国都不存在了，哪里可以为家？保卫祖国抵御敌人是我们民族每个人的责任。

═小叮咛═

"皮之不存，毛将焉附"，皮是基础、是根本，切不可本末倒置，爱毛忘皮，失了根本。而现实生活中，爱毛忘皮的例子却是无处不在。小朋友，你觉得这其中的原因是什么呢？

上思报国之恩，下思造家之福；
外思济人之急，内思闲己之邪。

16. 以民为本，国泰民安

故事会

一统天下到再次覆灭

秦王嬴政兼并六国，统一七雄，结束了混乱割据的局面，建立了统一的国家。他是中国历史上第一个皇帝，自称"始皇帝"。他规定，接替他皇位的子孙按照次序排列，第二代叫二世皇帝，第三代叫三世皇帝……这样一代一代传下去，一直传到千世万世。

然而，秦始皇即位后，他的内心发生了巨大的变化。尽管他在社会、经济、文化、交通等方面做出了很大的成绩，但同时，他焚书坑儒、大兴土木，对百姓实行苛捐杂税。他动用很多的人力、物力来为他建造漂亮的房子，还命令工匠为他修建了豪华的坟墓。他贪图享乐，沉迷在酒色之中。上行下效，很多官员也像他一样，不理朝政，开始享乐。这些都给百姓带来了沉重的负担，老百姓生活得非常疾苦。从此，秦始皇开始慢慢丧失威信。

秦始皇

秦始皇死后，继位的秦二世胡亥和宦官赵高继续他的残暴政策，最终激起了下层百姓的反抗，点燃了农民起义的熊熊烈火。不久，秦王朝就被推翻了。秦始皇想要建立一个千秋万代的国家的梦想，也随之彻底破灭了。

聆听家训

天下顺治①在民富，天下和静②在民乐，天下兴行在民趋于正。

——[明] 王廷相《慎言》

①顺治：安顺太平。
②和静：和平安宁。

译文

天下政治畅顺的关键在于百姓的富足，天下和平安宁的关键在于百姓的快乐，天下注重德行的目的在于使百姓趋向纯正。

小叮咛

国家的风气取决于民族的风气，民族的风气取决于百姓的家风，所以只有好家风才会有好民风，也才可能形成和谐社会。时代太平，人民康富，社会安定，治理有序，这便是和谐社会的特征。

17. 国欲立，民为基

唐太宗爱民如子

　　唐太宗李世民是一位爱民如子的好皇帝。他以民为本，深知天下的安定，必然是以百姓的安居乐业为基础，所以他很关心百姓的生活情况。

　　他当上皇帝的第二年，长安一带竟然出现了大量蝗虫，百姓的庄稼被蝗虫损坏得非常严重，几乎面临绝收。唐太宗非常忧心。有一天，他在宫殿中看到蝗虫在乱飞，就想起被蝗虫毁坏的百姓的庄稼。想到此他非常生气，于是上前就用手狠狠地抓了几只蝗虫，对着蝗虫就开骂："民以食为天，百姓们全靠庄稼活着呢，你们竟然将庄稼给毁坏了！你们既然要吃粮食，那就来吃我的肺肠吧！"说完就将蝗虫往嘴里放。

亲赐《帝范》

在一旁的侍从看见了，大惊失色，急忙上前劝阻："陛下，这种害虫，吃了会生病的啊！"唐太宗满不在乎地说："若能为百姓除去害虫，生病也值得了！"说完便将蝗虫吞入腹中。

这一年也是多灾多难，正当长安一带闹蝗虫时，关中又发生了严重的旱灾。百姓们生活在水深火热之中，甚至有的人为了生存，竟然将亲生儿女卖掉！旱灾一发生，唐太宗就派人去巡查。巡查的官员如实将灾情上报，唐太宗听闻后，很是震惊和忧愁，二话不说就命人将国库中的金银拿出来，将被卖掉的孩子们全部赎回来，然后送还给他们的父母。接着唐太宗下令，免征赋税，以此减轻百姓们的负担。

不久，关中下了一场大雨，旱情有所缓解。随着唐太宗的各项措施的落实，百姓们的生活也慢慢地恢复过来。

唐太宗在位十一年后，河南洛阳遭受水灾，很多人无家可归，同时洛阳宫也被水淹没，损坏严重。唐太宗知道后下令对洛阳宫只进行简单的修缮，其余材料全部给灾民们重建房屋。然而这些木材对于众多灾民来说还远远不够，仍然有一些百姓无家可归。于是唐太宗就让人将明德宫和飞山宫的玄圃园腾出来，安置这些百姓。百姓们无不感激。

唐太宗吃蝗虫，支取国库的金银为老百姓赎回儿女，而后更是将宫殿腾出来让百姓们居住，一个高高在上的皇帝，能做到此地步当真是很少，也由此证明唐太宗对人民的爱护！

夫民者国之先①，国者君之本。人主②之体，如山岳焉，高峻而不动；如日月焉，真明③而普照。

——[唐]李世民《帝范》

①先：首要的人或事。

②人主：人君。

③真明：指日月光辉。比喻国君内在的大德。

译文

人民是国家的根本，国家是君王的根本。帝王的地位，就像大山一样，高高耸立不可动摇；就像日月一样，光辉灿烂普照于民。

小叮咛

"民为贵，社稷(jì)次之，君为轻"，百姓是第一位的，国家是第二位的，君主是第三位的。唐太宗李世民心系百姓，心系国家，在他的励精图治下，才形成了政通人和的"贞观之治"。

18. 民为国本

雪中送炭

宋太祖赵匡胤去世后，他的弟弟赵光义继承了皇位，史称宋太宗。宋太宗年轻时曾跟随宋太祖南征北战，他深切地知道江山得来不易，更明白创业难、守业更难的道理。因此，他特别爱护老百姓。

有一年冬天，天气特别寒冷，到处都是深厚的积雪。宋太宗在皇宫里穿着厚厚的龙袍，烤着通红的炭火，但仍然觉得寒气逼人。他想起酒能驱寒，就命人拿来温好的酒，喝了一会儿才觉得稍稍暖和了点。

宋太宗望着窗外纷纷扬扬的大雪，心想：我住在坚固华美的皇宫里，穿着锦衣华服，烤着红彤彤的炭火，但还觉得冷。那些缺衣少食的贫苦百姓，他们吃不饱穿不暖，更别提烤炭火取暖啦！不知道他们会被冻成什么样子呢？我不能只顾自己在这里享受，让我的子民挨饿受冻啊！我必须想点办法帮助他们。

想到这里，宋太宗马上召来开封府尹，对他说："现在天寒地冻，我们这些有吃有穿有火烤的人都觉得冷，那些缺衣少食的老百姓肯定更加受不了啦！你现在就让人带上粮食、衣服和木炭，替我去问候他们，帮他们迅速解决这个燃眉之急吧！"

开封府尹接到圣旨，马上带领他的随从，准备好粮食、衣服和木炭，挨家挨户去问候，将这些物资送到贫苦百姓的手里。

得到救济的百姓们又惊又喜，无不感激涕零，都称皇上是雪中送炭呢！

☰聆听家训☰

若夫天道不言，四时①行而万物生；
圣人设②教，海宇宁而天下服。

——[明]朱棣《圣学心法》

①四时：四季。

②设：实施。

☰译文☰

天地的运行之道不用言说，四季轮回催生万物；圣人能够体悟到这种玄妙的道理并用以教化民众，从而国家安宁，天下人都会顺服。

☰小叮咛☰

生活中有很多雪中送炭的事例，比如你在别人困难的时候帮助了他，这也是一种雪中送炭。小朋友，希望你也能有互帮互助的思想和行动哦，或许我们自己也会在帮助别人中收获更多的善意和美好！

19. 宽大其志，平正其心

唐太宗慈厚怀民

贞观初年，唐太宗对侍臣说："宫女幽禁在深宫中，见不到自己的家人，实在可怜。隋朝末年，在民间无休止地搜求选取宫女，浪费百姓财力，理应废除。现在我打算放她们出宫，任由她们选择丈夫。这不仅可以节省费用，而且可以使百姓休养生息。"于是后宫前后一共放出三千多人。

弓矢喻政

贞观十九年（645），唐太宗征伐高丽，驻扎在定州。他驾临城北门楼慰劳将士。有一个士兵生病，不能进见，唐太宗派人到他床前，询问他的病痛，又令州县为他治疗。唐太宗如此体恤士兵，因此将士们都很愿意随从他出征。等大军回师，驻扎在柳城时，唐太宗又诏令收集阵亡将士的骸骨，为他们祭祀。他亲自驾临，为死者哭泣尽哀，军中将士无不洒泪哭泣。观看祭祀的士兵回到家里说起这件事，他们的父母说："我们的儿子战死，天子为他哭泣，也算是死而无憾了。"

唐太宗征伐辽东，攻打白岩城时，右卫大将军李思摩被乱箭射中，唐太宗亲自为他吮血排毒，将士无不受到感动和鼓励。

聆听家训

宽大其志，足以兼苞①；平正其心，足以制断②。非威德无以致远，非慈厚无以怀民③。

——[唐]李世民《帝范》

①苞：同"包"，包容。
②制断：决断，裁决。
③怀民：安民。

译文

国君应胸怀宽广、志向远大，这样才能兼收并蓄，包容世间万物；要把心放平摆正，这样才能明辨是非，正确决断。没有威望和仁德，就不能使周边小国归附；没有慈爱仁厚的心，就不能使天下百姓安定。

小叮咛

正是源于唐太宗宽广的胸怀、远大的志向和慈爱仁厚的品性，他才成了历史上口碑很好的皇帝之一。只有爱护百姓，才能受到百姓的爱戴，历史上这样的皇帝还有很多，你还知道哪位皇帝爱护百姓的故事呢？快和其他小朋友一起分享吧！

20. 做人做事要宽严相济

钱王射潮

清代诗人赵翼有这样两句诗："千秋英气潮头弩，三月风情陌上花。"诗中写的就是五代十国时期吴越国国君——钱镠。

相传钱镠出生时相貌奇丑，且突现红光，他的父亲钱宽认为这是不祥之兆，打算把他丢弃在井中。好在祖母慈悲为怀，钱镠才保住了性命。钱镠幼年时就开始学习武艺，后来从了军，逐步高升，成了一方霸主，被封为钱王，主政杭州地带。钱王主政期间，建水利、兴农业，造福了一方百姓。

但当时，有件事情一直让钱王很头疼，那就是钱塘江两岸海塘的修筑问题。钱塘江潮的潮头极高，潮水冲击力量又猛，因此钱塘江两岸的海塘，总是这边修好，那边坍塌，以至于出现了"黄河日修一斗金，钱江日修一斗银"的说法。

钱王手下的人很着急，都怕钱王发脾气，只好报告钱王说："海塘难修，是因为钱塘江潮神在作怪呢！"

钱镠大怒，说道："我既然为杭州之主，管的不光是军民，这一方鬼神也必须得听我的！潮神竟敢屡次破坏我的善政，简直是在藐视我这个钱王！好，我亲自去降伏他！"

于是，生性勇猛的钱王，决定在农历八月十八这一天去会一会这个潮神。之所以选择八月十八这一天，是因为这天正是潮神的生日，当天潮头最高，水势更是排山倒海、凶猛无比。

当天，钱王调集了一万名身强力健的弓箭手，大家手持强弓劲弩，面对潮头一字儿在江边排开。然后钱王奋笔写了两句话："为报潮神并水府，钱塘且借与钱城。"并把这两句话扔进了江中。但潮水仍然肆虐，浊浪滔天，滚滚席卷而来。

钱王见此，大吼一声"放箭"，并率先射出了第一箭。顿时，万箭齐发，直射潮头，颇为壮观。

围观的百姓们连连拍手称好，大声呐喊助威。一会儿工夫，便连续射出了三万支箭，竟逼得潮头不敢向岸边冲击过来。钱王又下令："追射！"那潮头只好弯弯曲曲地向西南退去，最后消失得无影无踪啦！钱王命人运来巨石，沉落江底，再打入木桩捍卫，建起防护的城墙。

从那以后，钱塘江海塘的修筑工程得以顺利进行。百姓们为了纪念钱王射潮的功绩，就把钱塘江海塘称为"钱王堤"，并建起钱王祠，让后世可以永远怀念一代明主钱镠。

严以驭役①，宽以恤②民。

——[五代十国]钱镠《钱氏家训》

①驭役：管理属下。

②恤：体恤。

译文

（作为一个领导干部，）管理属下的时候一定要严格，而对待人民的时候一定要体恤民情。

小叮咛

小朋友，治理国家需要"严以驭役，宽以恤民"，对于现在的我们来说就是要"严以律己，宽以待人"。我们每天都会和不同的人打交道，其间难免会有些意见不一、性格不合，这时候就要学会宽容。宽容别人，等于善待自己。

21. "勤"为民生本务

"工龄"最长的皇帝

康熙皇帝像

小朋友，你知道我国历史上"工龄"最长的皇帝是谁吗？他就是清朝的康熙皇帝——爱新觉罗·玄烨（yè），在位时间达六十一年。

玄烨是顺治皇帝的三儿子，从小志向远大。有一次，顺治皇帝一手搂着玄烨，一手搂着二儿子福全，很慈爱地问两个儿子："你们长大了想做什么呀？"福全马上抢答："我要做贤德的亲王！"顺治皇帝转头又问沉默的玄烨："那么你呢？"玄烨用小手摸着父亲的龙袍，说："我愿像父皇您这样，做个英明的天子。"一句话既表明了自己的鲲鹏之志，又连带着把自己的老子夸了一通！

顺治皇帝一听，顿时心花怒放：呀，这小子有出息啊！而且长相、脾气都像极了自己，就更喜欢玄烨了。

玄烨是一位早熟的政治家，他八岁时顺治皇帝驾崩，他便顺理成章地继承了帝位，年号康熙。少年天子要想管理好这一大摊子国事，坐稳江山，必然每日殚精竭虑，兢兢业业，孜孜矻（kū）矻。为了在皇帝这个"工作岗位"上更称职，康熙励精图治，钻研历代帝王治国之道。他还坚持"活到老，学到老"，对各方面的知识多有涉猎：自然科学方面的数学、天文、历法、地理、农学、医学、工程技术；人文方面的经、史、子、集；艺术方面的声律、书法、诗画，他几乎都有所研究。

在他"任职"期间，除掉权臣鳌（áo）拜，平定三藩之乱，收复台湾，大破准噶（gá）尔，驱逐沙俄……一桩桩，一件件，无不是拿得出手的耀眼的成绩单！

当然，"工作"再忙，康熙也没有懈怠对子女的教育。他每天天不亮就起床，亲自督促教育子女，从春到冬，几乎没有一天"旷工"。一个日理万机的皇帝，能如此重视子弟的教育，真是难能可贵。

据说有一次，小孙儿弘历（就是后来的乾隆皇帝）一读完书就去湖边钓鱼，结果钓了一早上，一条鱼影都没见着。弘历懊恼又生气，就命令侍奉的太监一个个全趴在湖边，互相轮流抽打，直打得个个屁股通红动弹不得，他才罢休。

这事被康熙知道了。晚饭后，他领着弘历来到湖边，耐心地教他怎么钓鱼。然后批评他说："我们都不是圣贤，难免会犯错误。做大事的人可不能随便鞭打别人、滥用私刑，要宽和仁厚。"弘历是个聪明的孩子，一点就通，他明白爷爷的苦心，说道："皇祖的话，孙儿记住了，孙儿再也不会犯这样的错了。"祖孙俩其乐融融地依偎在一起。

民生①本务在勤，勤则不匮②。一夫不耕，或受之饥；一妇不蚕③，或受之寒。是勤可以免饥寒也。

——[清]爱新觉罗·玄烨《庭训格言》

①民生：民众的生计。

②匮（kuì）：缺乏，不足。

③蚕：养蚕。

译文

民众的生计在于勤劳，勤劳就不会缺少衣食。一个农夫若不耕种，可能会受饥饿；一个妇人若不养蚕，可能会受寒冻。因此勤劳是可以免受饥饿寒冷的。

小叮咛

小朋友，只有靠勤奋，个人才能免于饥寒，家庭才能获得富足，国家才会实现富裕哦！"一生之计在于勤"，小朋友，希望你今后能戒懒，做一个勤奋的人！

22. 能同甘，亦能共苦

可爱可敬的彭总司令

　　彭德怀是无产阶级革命家、军事家，他战功显赫，却生活简朴。一次，陈赓（gēng）等人凑了钱买肉吃，可他们怕挨骂，不敢叫彭德怀。可偏偏"无巧不成书"，被彭德怀撞见了。他假意生气，狠狠地指着陈赓"责问"："好啊，你陈赓偷偷吃肉不叫我！"陈赓也是简朴之人，心里没有鬼，坦荡地边吃边笑："人家说彭总见着肉就要骂，我也是怕你骂嘛！"彭德怀爽快地拿起筷子，哈哈大笑，接着又骂起来："哪个臭小子，说我彭德怀不晓得肉好吃？"

　　多可爱爽快的彭总司令呀！可是在他漫长的戎马生涯中，这种场合实在少之又少。从小饱受饥寒、挣扎求生的彭德怀，明白生活的不易，体谅群众的艰辛，他曾回忆："童、少年时期这段贫困生活，对我是有锻炼的。在以后的日子里，我常常回忆到幼年的遭遇，鞭策自己不要腐化，不要忘记贫苦人民的生活。"他不但身体力行，也常常苦口婆心地劝诫身边的人："哪个不愿吃好的呢？问题是还有人在饿肚子，在吃糠！问题是群众是否都有好吃的了？""一粒米、一文钱，都是人民的血汗换来的啊！"

　　彭德怀在部队时，谁要给他做了特殊的饭菜，他不但不吃，还要骂人。一次，彭德怀出外办完事回来，一路风尘仆仆，非常劳累。炊事员就给他做了四个菜，有鸡、肉和豆腐等。没想到，彭德怀当即就发火："我是军阀吗？你为什么搞特殊化，让我和别人不一样？"气得他一夜没吃饭，直到第二天和大伙儿一起吃小米饭，他才转怒为喜。

彭德怀痛恨用公家的钱大吃大喝，痛恨贪污腐败。有的干部说，我又不贪污，不过多吃多享受一些罢了。彭德怀在干部会上狠狠地批评这种观念，将其斥为"流氓观点""流氓意识"。

时至今日，彭总司令这种与百姓同甘共苦的精神，仍显得分外可贵和重要。

聆听家训

官肯著意①一分，民受十分之惠②；
上能吃苦一点，民沾万点之恩。
——[五代十国] 钱镠《钱氏家训》

①著（zhuó）意：用心。
②惠：好处，恩惠。

译文

当官的人如能把老百姓的事多放一点在心上，百姓就能得到更多实惠；当官的人如果肯自己多吃一点苦，百姓就能得万倍的恩惠。

小叮咛

为官者如果能够为民着想，与百姓同甘共苦，这便是百姓之福，也是国家之幸。小朋友，现在我们能做的，就是多为他人、为班集体着想，多与身边的人分享，你能做到吗？

23. 造桥修路利国利民

卧 龙 桥

清朝初年，浙江嘉善西塘北栅头没有一座桥，两岸行人如果要过河，只能摆渡。可是这里的河面宽阔，水流又急，溺水之事常有发生。

有一次，一名孕妇在过河时不幸落水而死。这一幕恰好被家住河畔的一位姓朱的竹篾匠看到。生性善良的他非常难过，下决心募集钱款建造一座桥。他深知自己的竹篾手艺不过勉强维持生计，造桥谈何容易啊？他决定出家做和尚，取名"广缘"，四处化缘。经过十余年的辛苦奔走，广缘和尚终于募化到三千余两白银。于是他去山区采购石料，请来石匠开始造桥。

然而桥未建成，广缘和尚却积劳成疾突然去世。眼看这项工程就要因为没有石料而停工，工匠们都束手无策……就在这时，山区的那位石商却见广缘和尚上门来催运石料。广缘和尚恳求道："请你速把石料运到西塘吧，那边造桥正等着石料呢！我还有别的事，要到其他地方去。这儿有一双鞋子，托你带到西塘永寿庵去。"

石商遵照广缘和尚的吩咐，把石料装运到西塘造桥工地。这些石料如及时雨般，工地上人们自然十分感谢。石商说，是因为广缘

西塘卧龙桥

和尚五天前到山里催运，所以才赶着运来的。众人听了，十分惊诧，广缘和尚已去世月余，怎么可能五天前到山区呢？那石商立即出示广缘和尚所托付的一双鞋子。工匠们一看，不错，这双鞋子正是广缘和尚的！可这鞋子一到大伙儿手上，立即化成了灰。

这件事很快在镇上传播开来，远近的善男信女们感激广缘和尚造桥的诚心，都踊跃乐助，没多久便有了足够的财力、物力和人力。不到几个月，桥即将完工，但是，桥中央的一块方石怎么放都放不好。

一天，二天，三天……石匠们想尽办法也无济于事。这天傍晚，正当石匠们万分焦虑之时，走来一位须发苍白的老者，他说："诸位师傅，你们莫急，小小一块方石，我自会料理！"说罢，老者从衣兜里掏出一方豆腐干，垫在方石之下。在夕阳的余晖下，老者双眼微闭，双脚在方石上比画来比画去，片刻后就离去了。

老者离去后，石匠们发现，方石竟然稳稳妥妥，上面还有五条卧龙。人们都猜测，这老者也许是广缘和尚的化身。从此，大家就称此桥为"五龙桥"，又因龙是卧着的，所以又叫"卧龙桥"。

聆听家训

修桥路以利①众行，造河船以济②众渡。
——[五代十国]钱镠《钱氏家训》

①利：便利。
②济：渡河。

译文

修路造桥可以有利于人们出行，建造船只可以有利于人们渡河。

小叮咛

"要致富，先铺路"，铺路造桥历来是民间积德修行的善举，是一项利国利民的举措。广缘和尚呕心沥血，不惜一己之身，为家乡、为乡亲建桥，他的善举真是可歌可泣！小朋友，希望你平时也力所能及地多行善举哦！

24. 视国事如家事

一心为民谋福祉

明代嘉靖年间，陕西凤翔西古城村赵氏家族中出了一名老百姓有口皆碑的清官。他整饬吏治精明能干，勤谨不怠严以律己，奉公执法爱护百姓。他就是赵时吉。

赵时吉任山西宁乡知县时，发现当地赋税沉重，老百姓大部分的钱粮用来缴纳赋税，经常食不果腹。久而久之，很多人走投无路，只得选择外逃。赵时吉不忍百姓受流离之苦，决心为民做主。

他当即向朝廷如实反映百姓疾苦，提出核减赋税，减轻人民负担。经过他多番竭力争取，朝廷最终减免了宁乡百姓一半的赋税。

嘉靖二十六年（1547），时年五十二岁的赵时吉被朝廷调任到四川蜀地，担任马湖府知府。马湖府位于水流湍急的金沙江畔，环境险恶：四处崇山峻岭，荆棘丛生，虎蛇出没。当地交通极为不便，可谓闭塞蛮荒之地。险恶的生存环境导致当地的百姓过着极其贫困的生活。

赵时吉自然明白"要致富，先修路"的道理。经过多次实地勘察，他决心逢山开路、遇水搭桥，改善百姓的出行、生活现状。因此，他积极发动当地一千余名百姓，夜以继日，披荆斩棘，"开山四十里"，

而且在险峻的河流之中也开辟了水路。赵时吉主持完成的这一浩大工程，无疑对边远少数民族地区的经济和文化发展起到了积极的推动作用。

聆听家训

子孙读书，倘①幸出仕②，当以国事为家事，民心为己心。

——[明]徐三重《鸿洲先生家则》

①倘：倘若。

②出仕：做官。

译文

子孙后代们读书学习，倘若有幸能够入朝为官，应该把国家大事当成自己家的事，把百姓的想法当成自己的想法。

小叮咛

"以国事为家事，民心为己心"，小朋友，这句话你肯定已经记在心中了吧？相信还有一句话你也应该很熟悉，即"先天下之忧而忧，后天下之乐而乐"。它说的是：在天下人担忧之前担忧，在天下人快乐之后才快乐。小朋友，希望你也能从小心怀国家，爱国爱党。

25. 公而忘私

大公无私的祁黄羊

春秋时期，晋国有位大夫，名叫祁黄羊，他品德高尚，是晋平公的得力谋臣。晋平公要决定什么大事，都会同他商议。

有一天，晋平公召祁黄羊进宫，问他："南阳县缺个县令，你认为谁适合担当这个职务？"祁黄羊说："解（xiè）虎最合适。"

解虎与祁黄羊之间有矛盾，这晋平公是知道的。当他听到祁黄羊举荐解虎，着实出乎意料，不解地问："解虎不是你的仇人吗？你为什么推荐他呢？"祁黄羊说："您问的是谁适合当南阳县令，又不是问谁是我的仇人。"

晋平公赞许地点了点头。解虎到了南阳，把南阳治理得很好，老百姓都很拥戴他。

过了一段时间，晋平公又问祁黄羊："现在朝廷里缺一个军尉，你看谁能胜任？"祁黄羊回答："祁午可以胜任。"晋平公吃了一惊，问："祁午不是你的儿子吗？你推荐他当军尉，不怕别人说你徇私？"祁黄羊答道："您问的是谁能胜任军尉的职务，又不是问谁是我的儿子。谁能胜任我就推荐谁，不管他和我有没有关系，怕什么闲话呢？"

晋平公很赞赏他的坦荡，采纳了他的建议。祁午果真非常称职。

孔子听说后，称赞说："祁黄羊说得太好了！举荐人才不回避跟自己有仇的人，也不回避自己的亲生儿子，真是大公无私啊！"

聆听家训

受人家国之任，于朝廷所付托的事能看得重于家事，于朝廷所付托的人能看得重于家人，公尔忘私[①]，君尔忘身，这便是大圣贤的存心。

　　　　——[清] 王心敬《丰川家训》

①公尔忘私：义同"公而忘私"。

译文

接受辅佐皇帝治理国家的重要任务，对朝廷所托付的事情要看得比自己家的事情还重要，对朝廷所托付的人要看得比自己的家人还重要。一心为公而忘却私事，愿意舍弃自身为君主效劳，这就是品德高尚、有超凡才智的人该有的想法。

小叮咛

"大公无私"是指把公家利益放在首位，处处为他人着想，丝毫没有自私自利之心。小朋友，其实我们身边也不乏这样的人，你想到了谁？他哪里值得你敬佩呢？

26. 感恩祖国，报效祖国

华罗庚的赤子之心

华罗庚出身于一个贫苦的农民家庭，仅有初中文凭，但他靠自学成才，是世界一流的数学家。

1936年，经熊庆来教授推荐，华罗庚前往剑桥留学。两年中，他集中精力研究堆垒素数论，并就华林问题、他利问题等发表十八篇论文，得出了著名的"华氏定理"，向全世界显示了中国数学家出众的智慧与能力。而更让人感动的，是华罗庚的爱国情怀。

1946年，华罗庚应邀去美国讲学，并被伊利诺伊大学高薪聘为终身教授，他的家属也随同到美国定居，有洋房和汽车，生活十分优裕。中华人民共和国的诞生，牵动着热爱祖国的华罗庚的心。他毅然放弃在美国的优裕生活，回到祖国，还给留美的中国学生写了一封公开信，动员大家回国参加社会主义建设。他在信中坦露出了一颗热爱中华的赤子之心："为了抉择真理，我们应当回去；为了国家民族，我们应当回去；为了为人民服务，我们也应当回去；就是为了个人出路，也应当早日回去……"

不久，华罗庚被任命为中国科学院数学研究所所长，从此开始了他数学研究真正的黄金时期。他连续做出了令世界瞩目的突出成绩，同时培养了一大批数学人才。据不完全统计，数十年间，华罗庚共发表了 152 篇数学论文，出版了 9 部数学著作、11 本数学科普著作。

从初中毕业到人民数学家，华罗庚走过了一条曲折而辉煌的人生道路，为祖国争得了极大的荣誉。

聆听家训

> 上思报国之恩，下思造家之福；
> 外思济①人之急，内思闲②己之邪③。
> ——[明]袁黄《了凡四训》

①济：帮助，救济。

②闲：预防，防止。

③邪：不正，邪恶。

译文

对上应该想着报答国家社会的栽培之恩，对下应该想着建造家庭的福祉；对外应该想着救济别人的急难，对内应该想着预防自己的邪念。

小叮咛

国家安定祥和，没有战争，国人都能生活在安定的环境下，衣食住行有所保障，这本身就是国家的恩情。小朋友，当你静下心来思考，感受国家、社会、时代带给我们的幸福，你是否会有"上思报国之恩"的心境？

27. 独行快，众行远

两个好朋友

　　高个子和矮胖子是好朋友，他们相约去山里玩。这是一个阳光灿烂的晴天。高个子和矮胖子一路上有说有笑。高个子说："矮胖子弟弟，今天我们去大山里探险，遇到困难可要互相帮助啊！"

　　矮胖子说："高个子哥哥，你就放心吧，因为我们是好朋友啊！"

　　走着走着，忽然高个子惊叫了一声："矮胖子弟弟，你看前面是什么？！"矮胖子一看，也吓了一跳。原来，一头大黑熊正一步一步地向他们走来。

　　刚好路边有一棵大树，矮胖子说："高个子哥哥，快点，快点爬树，爬到树上，大黑熊就吃不到我们了。"

　　高个子慌慌张张地说："我……我害怕，上不去啊！"

　　矮胖子跑到树下说："你快踩着我的肩膀上去吧，大黑熊就要来了，你快啊！"高个子踩着矮胖子的肩膀，顺利地爬上了树。

　　可是矮胖子还在树下呢，高个子怕矮胖子上去会把树枝压断，把自己再摔下来，于是就不肯拉矮胖子上树。

　　大黑熊越靠越近。怎么办？怎么办？突然，矮胖子灵机一动，倒在地上，闭住眼睛装死。

熊走过来，闻闻矮胖子的头，又把鼻子凑近他的嘴和耳朵。矮胖子屏住呼吸。熊以为他已经死去，便走开了，因为熊从来不碰死人。

危险解除了。高个子从树上爬了下来，他笑嘻嘻地问矮胖子："熊把鼻子凑到你耳朵旁，跟你说了些什么？"

"噢……"矮胖子答道，"不要信任那些一遇困难就背弃朋友的人，患难的朋友才是真正的朋友。"高个子听了，顿时羞得面红耳赤。

聆听家训

喜庆必相贺，患难必相救，疾病必相扶持，婚丧必相资助，有无必相那借[①]。

——[明]项乔《项氏家训》

①那（nuó）借：挪移借贷。这里指帮助、扶持。那，同"挪"。

译文

乡邻遇到喜庆的事情一定要相互祝贺；遭遇灾祸一定要相互救济；有了疾病一定要相互扶助；结婚丧葬时一定要相互帮衬；不论对方富有或贫穷，都要尽自己的能力帮助别人。

小叮咛

不管朋友间、邻里间，都应该互相扶持，齐心协力。要记住熊在矮胖子耳边的"告诫"哦："不要信任那些一遇困难就背弃朋友的人，患难的朋友才是真正的朋友。"小朋友，希望你能诚心地对待你身边的人，结交到更多的知己朋友哦！

28. 我为人人，人人为我

乔致庸的经商之道

清代著名的晋商乔致庸之所以能成为一名成功的商人，一个重要原因就是他诚信经商，怀揣一颗仁爱之心，把别人的事当作自己的事，处处为他人着想。

乔致庸出身于商业世家，本想考取功名的他，因为兄长乔致广的突然离世，不得不接手家族企业。他刚上任时，正是家族企业"复字号"危机四伏之时。原来，大哥经营时管理不善，放任手下欺瞒顾客，致使乔家信誉受损，货物根本销售不出去。

乔家大院

乔致庸赶到各分店了解情况。老顾客们没人认识他，因而当着他的面说起话来毫不顾忌。在包头通顺老店时，有顾客就当着他的面抱怨店里卖的胡麻油掺了假："这'复字号'可不比从前啰，像当年买一斤胡麻油店家给你一斤一两的事，现在想也别想啰！就这一阵子，'复字号'通顺店卖的胡麻油都不香了，肯定是掺了假！"

乔致庸立即展开调查，查明原委后，他果断辞掉了店里的掌柜。为了挽回乔家的信誉，他命人在街头巷尾贴满布告：乔家"复字号"名下通顺老店的胡麻油掺了假，总号决定将这批胡麻油以每斤一文的价格卖给人做灯油。但凡近期在该店买过胡麻油的客人，都可去店里全额退款；同时，店里还将低价卖给他们不掺假的胡麻油，以表赔罪。

有人试着拿几天前买的胡麻油去退款，果然店里给予全额退款。也有人拿着一文钱去买掺了假的胡麻油，店里也果然卖给了他。乔致庸亲自写了一块"厚德"的匾额，挂在店里显眼处，他要店里的所有人都时刻谨记诚信经商、宽厚待人。此事一传十，十传百，慢慢地，乔家重新建立了声誉。

在乔家门前，常年拴着三头牛，谁家要用，只需招呼一声，便可牵去用一天；每年春节前夕，乔家大门敞开，乔致庸会拉出一扇板车，满载米、面、肉，谁家想要，只要站在门口招招手，便可随意取去。

乔致庸就是凭着一颗仁爱、诚信之心，凝聚了一大批铁杆伙计。他虽然多次历经灾难，几乎家破人亡，但这些伙计全力以赴、鼎力相救，一次次使他转危为安、化险为夷，没有伙计在危难时刻离他而去。这全是乔致庸心中有他人的缘故。

官无论内外，要知此身无非斯民①所托命之身；事无论巨细②，要知此事无非斯民所托命之事。

——[清]纪大奎《敬义堂家训》

①斯民：指老百姓。

②巨细：指大小事情。

译文

做官无论是在朝堂上还是在朝廷外，都要清楚老百姓把身家性命都托付给了你；事情不论大小，都要知道这些事就是百姓把身家性命都托付给你的事情。

小叮咛

乔致庸诚信经商，仁爱为怀，助人为乐，所以他在历经劫难时也得到了他人的鼎力相助，故而能一次次化险为夷。这很好地说明帮助别人也是帮助自己，也就是我们常说的"我为人人，人人为我"。小朋友，你可以把这个道理告诉更多的朋友哦！

29. 得志当思种德

故事会

"绍兴师爷"汪辉祖

汪辉祖是清代绍兴府萧山县（今杭州萧山）人，他自幼家境贫寒，父亲早亡，由生母和庶（shù）母抚养长大。二十岁时，汪辉祖开始了幕僚（师爷）生涯。他常以"宽厚之心、严谨之思"断案，精明干练，刚正不阿，清明廉洁。他一生断案无数，颇有口碑。

有一年，平湖县发生一起重大的商船抢劫案，劫匪持刀威胁，还打伤了船上的商人。恰好这时，当地抓获了一名叫盛达的逃兵。这个逃兵想想自己肯定没活路了，就一股脑儿承认是自己干的，并供出了七个同伙。

由于案情重大，刘县令派汪辉祖着手办理此案。汪辉祖仔细查阅了八名嫌疑人的供词，大家对于起意、结伙、抢劫、伤人都众口一词，出奇的一致。汪辉祖产生了怀疑。他又将这八个人分别提审，假言告知他们的罪行轻重，重的说可以判他死刑，轻的告诉他老实交代就可以当堂释放。结果八个人的口供就不一样了，有的甚至当堂喊冤。经过几番审讯，汪辉祖弄清了案情：原来这八人都是逃兵，盛达是他们的头领。盛达是以抢劫伤人罪被抓，他以为自己必死无疑，为免于皮肉之苦，就索性全认了。那天其他七个逃兵也都被关

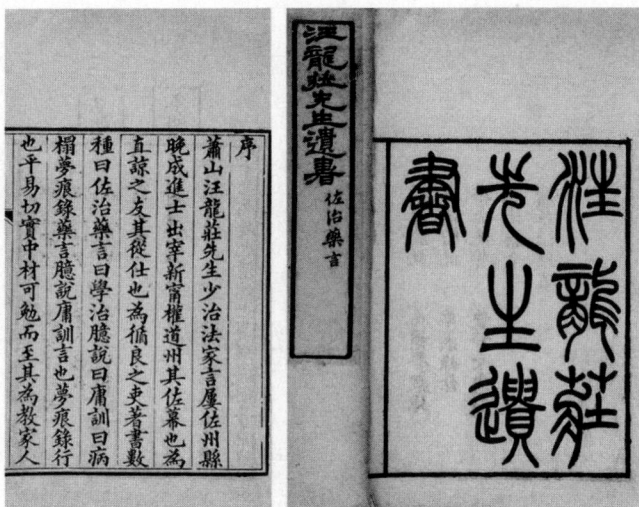

汪辉祖《佐治药言》

在一处，于是大家相约承认，反正不够判死刑的。

案情大致清楚了。汪辉祖要求释放这几名逃兵，但衙门里有些人却说他只想自己邀功，不顾县令的政绩。流言纷纷，汪辉祖提出了辞职。他说："没有确凿的证据就判他们抢劫伤人，岂不是枉杀？恐怕县令大人今后也会惹上麻烦的！"刘县令深知汪辉祖为人正直、办案谨慎，权衡再三，将七名从犯保释出去了，盛达则以逃兵役罪被关押。

两年后，刘县令因治政有方被提拔。就在这时，两年前商船抢劫案的正犯被捕获。他如实交代了作案经过，同时赃物也被起获。盛达则以逃兵役的罪名被轻判。刘县令再见汪辉祖时，不无感慨地说："幸亏当时听取你的建议，没有定性此案，否则我真是如你所言，惹大麻烦啦！"

惟得志时，常以造孽①为戒。
惟恐②于物有伤，自然于人有济。
庶③先人之泽，不致自我而湮④。

——[清]汪辉祖《双节堂庸训》

①造孽（niè）：做坏事。

②惟恐：同"唯恐"。

③庶：表示希望。

④湮（yān）：埋没。

译文

志愿实现时，要时常告诫自己不做恶事。只怕对物体有损伤，自然而然对他人有所帮助。期望承蒙祖先的恩泽，不至于让自己被埋没。

小叮咛

小朋友，种下美好品德的种子，必将会开出幸福花朵，收获意想不到的果实。得志时当思种德，"以造孽为戒"，失意时也应如此。小朋友，你能做到吗？

30. 为人应忠诚慈爱

曹操割发代首

曹操是三国时期魏国政权的奠基人。他虽然野心很大，但带兵军纪十分严明，且以身作则，在军队中留下了美名。

有一年麦熟时节，曹操率领大军去打仗。沿途的老百姓因为害怕士兵，都躲到村外，没有一个敢回家收割小麦的。

曹操得知后，立即派人挨家挨户告诉老百姓和各处看守边境的官吏，他是奉皇上旨意出兵讨伐逆贼，是为民除害的。现在正是麦熟的时候，士兵如有践踏麦田的，立即斩首示众，请父老乡亲们不要害怕。

老百姓开始不相信，都躲在暗处观察曹操军队的行动。将士们都知道曹操一向军令如山，令出必行，令禁必止。所以此令一出，更是小心谨慎，唯恐犯了军纪。他们经过麦田时，都下马用手扶着麦秆，小心地蹚过麦田，这样一个接着一个，小心翼翼地走过麦地，没一个敢践踏麦子的。老百姓见状，没有不称颂的。

曹操骑马正在走路，忽然"扑棱"一声，田野里飞起一只鸟儿。他的马被这突如其来的情况吓惊了，嘶叫着狂奔起来，一下子蹿入附近的麦田，踏坏了一大片麦子。

曹操立即叫来随行的执法官，要求治自己践踏麦田的罪行。执法官犯了难，说："怎么能给丞相治罪呢？"

曹操说："我亲口说的话都不遵守，还会有谁心甘情愿地遵守呢？一个不守信用的人，怎么能统领成千上万的士兵呢？"随即抽出腰间的佩剑要自刎。众人连忙拦住，执法官急得头顶冒汗。

这时，大臣郭嘉走上前说："古书《春秋》上说，'法不加于尊'。丞相您统领大军，重任在身，怎么能自杀呢？"

曹操煮酒论英雄

曹操沉思了好久，说："既然古书上有'法不加于尊'的说法，我又肩负着天子交给我的重任，那就暂且免去一死吧。但是，我不能说话不算话。我犯了错误也应该受罚。我就割掉头发代替我的脑袋吧。"说完他就挥剑割下一束自己的头发。

全军将士得知此事后，十分钦佩曹操严于律己的精神，从此更加自觉遵守军纪。

曹操作为封建社会的政治家，能够严明执法，割发代首，虽然不可否认有做"表面文章"之嫌，但也算是难能可贵，何况那时的人视头发如首级一般宝贵！

总之身在仕途①，必当以忠诚慈爱之心为本。

①仕途：做官的道路。

——[清]纪大奎《敬义堂家训》

译文

总的来说，如果做了官，就一定要把一颗忠诚慈爱的心当作为官的根本。

小叮咛

大圣人孔子说："说话忠诚守信，做事笃厚恭敬，即使到蛮荒国家也是行得通的。说话不忠诚守信，做事不笃厚恭敬，即使在本乡本土，也行不通。""言忠信，行笃敬"，小朋友，希望你能从小谨记，从每一件事做起哦！

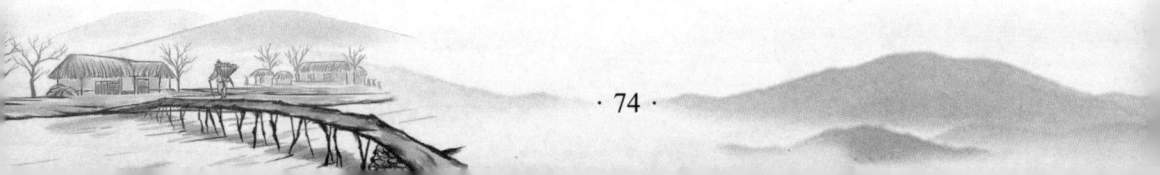

如行一事，必思于道无妨，于德无损，即行之；如出一言，必思于道无妨，于德无损，即出之。

31. 家和万事兴

比金钱更宝贵的遗产

香港慈善家田家炳于 2018 年 7 月 10 日辞世，享年 99 岁。他留给家人无尽的思念，也留下了比金钱更宝贵的精神财富。

田家炳生前，对子女秉着"取诸社会，用于社会""留财予子孙不如积德予后代"的教育理念，教导他们修身立品，对他们产生了深远的影响。

田家炳于 1919 年生于广东大埔，其父为其取名"家炳"，是希望他能够勤俭持家，彪炳后代。除传统文化的熏陶外，田家常以先贤"勤、俭、诚、朴"的中华传统美德教育他。

一到周末，田家老幼共聚一堂，享受家庭的温馨时光。这在田家炳眼中，是比金钱更值得珍惜的事。而每逢大节日，全家人都要举行简单而隆重的祭拜仪式，没有太多祭品，除了清香一炷，便是家常便饭。他的儿子田庆先回忆说："这是一个十分庄严的时刻，在众人静心聆听下，父亲会事无巨细地禀告祖先家中成员的状况，并真切缅怀祖辈恩德，情真意切，也让子女们真切感受到家庭的重要。"

尽管有可观的财富，但田家炳从未追求奢侈和排场。"家父生活简单，也要求整个家庭节俭，不能浪费一分一毫。"田庆先回忆说，

"父亲每逢外出旅行，对于旅馆中的水、电、肥皂、纸巾都点滴珍惜；教育子女爱惜粮食，谨记'一粥一饭，当思来处不易'的古训。甚至儿女婚嫁也一切从简，只是宴请内亲与公司同事。"

随着通信方式越来越先进，家人的沟通方式也更加多样。田庆先说："现在全家都会在微信群里聊天，不管相隔多远都可以相互关心。如今家中有了第三代、第四代，希望把先辈的事情讲给他们听，让他们传承家风，健康成长。"

田庆先说："家父生命的最后时刻，对家庭仍是时刻挂念，叮嘱家庭要凝聚，每周六还是要聚餐，大家保持和谐和气，聚会不要中断……"

楷书《朱子家训》（清·戴震）

聆听家训

家门和顺，虽饔飧①不继，亦有余欢；国课②早完，即囊橐③无余，自得至乐。

——[清]朱柏庐《朱子家训》

①饔飧（yōng sūn）：早饭和晚饭。
②国课：国家税收。
③囊橐（tuó）：口袋。

　　家里和气平安，即使吃了上顿没下顿，也依然觉得欢乐；该缴纳的赋税早早缴完，即使口袋里没有剩余，也会因为没有负担而自得其乐。

≡≡小叮咛≡≡

　　小朋友，我们经常听人说"家和万事兴"，的确，家庭和睦就能兴旺。一家人过日子总要和和气气，所谓"和气生财"也是这个道理。同时，我们不能离开社会、他人而独自生存，国家、社会是我们的大家庭，我们也要上下团结，这样才能使我们的大家庭更加欣欣向荣。

32. 天地之间有杆秤

有口皆碑的县令

明万历十六年（1588），袁黄被委派到自然灾害多发的京东宝坻（今天津宝坻区）当县令。在宝坻任职期间，这位"七品芝麻官"勤政爱民，廉洁自律，亲民务实，成为宝坻置县以来有口皆碑的县令。

袁黄雕像

作为一名土生土长在稻米之乡的南方人，袁黄到北方后，明显感受到了南北农业的差异。他作为守土一方的父母官，职责之一就是要发展当地的农业生产。他虽是读书人，但常常和当地的农民打成一片，农艺也非常精通。当时，朝廷打算在京东地区推广水稻种植，若试验成功，每年可提供粮食数万石，这将大大减轻南粮北运的压力。

袁黄积极响应朝廷的号召。他实地走访勘察宝坻乡野，考察当地的河道与湿地，潜心研究当地的气候、水土。经过多番考察，袁黄发现，宝坻农业生产要因地制宜，以疏浚河道、蓄水灌溉为主，变水害为水利，借水兴农。他在宝坻东南部葫芦窝等村较为低洼的地带开挖渠道，带头进行水稻引种的实践，并引潮白河之水，灌溉稻田。在他的精心打理下，水稻种植取得了成功，收成可观！

对于自己的政绩，袁黄还是很低调的，他没有声张。有一次，朝廷中管理屯田事务的一位御史途经宝坻，见当地田禾茂盛，完全不似从前，他不禁由衷地赞叹。但想到袁黄并未向朝廷汇报他兴农的业绩，便不解地问袁黄："宝坻积年的荒地都被开辟成了美田，真是不容易啊！可为什么每次汇报工作的时候，你都不讲这些成绩呢？"袁黄不愿表白自己的成绩，只好在这位御史面前搪塞了几句。

袁黄总是下到基层，关心县内贫民和孤寡老人的生活状况，时不时给他们提供救助，饥时给粮食，寒时送衣服。袁黄上任初，宝坻是个贫困县，且受自然灾害严重，全县饥荒。当时青壮年男子纷纷离乡逃难，年老体弱者满路皆是。袁黄对逃难者进行劝阻，并根据具体情况予以适当安置。他将614位年老体弱者安排在他们的亲戚家；对于471名体力还算强健的人，责令邻里收留，听从差遣使用；对于既无亲戚可依，又无体力可用的125人，实行官府收养。他采取一系列务实措施，使县内粮食生产恢复，躲水逃荒的人渐渐回归家乡，甚至四方游离的百姓也有来宝坻定居的。

袁黄任宝坻知县五年间，减免重赋，兴修水利，扶植农耕，植树垦荒，躬行教化，业绩辉煌，深得百姓称赞和爱戴。在他离任宝坻时，父老乡亲十里相送，场面极为感人。

如行一事，必思于道无妨①，于德无损②，即③行之；如出④一言，必思于道无妨，于德无损，即出之。

——[明]袁黄《训儿俗说》

①妨：妨碍。
②损：损害。
③即：就。
④出：说。

译文

如果要做一件事，一定要先想着对道德没有妨害，才能做；如果要说一句话，一定要先想着对道德没有妨害，才能说。

小叮咛

所谓做事先做人，小朋友，我们每个人心中都要有一杆秤——道德，说话做事都要以"道德"为先，但凡不合乎"道德"的行为，都应该被制止。

33. 做好身边的每一件小事

好事做了一火车

雷锋出差去安东，参加沈阳部队工程兵军事体育训练队。他出差一千里，好事做了一火车。

从抚顺一上火车，雷锋看到列车员很忙，就主动帮起了忙。擦地板，擦玻璃，收拾桌子，给旅客倒水，帮助妇女抱孩子，给老年人找座位……这些事情做完了，他又拿出随身带的报纸，给不认识字的旅客念报，宣传党的政策……就这样，他在火车上从抚顺一直忙到沈阳。

到沈阳车站换车的时候，他发现检票口吵吵嚷嚷围了一群人，上前一看，原来是一名中年妇女没有车票，却硬要上车。人越围越多，把检票口堵得严严实实。

雷锋赶紧钻过人群，上前拉住那位妇女说："大嫂，你没有票，怎么硬要上车呢？"那大嫂急得满头大汗，解释说："同志，我不是没车票，我是从山东老家到吉林看我丈夫的，不知啥时候把车票和钱都弄丢了。"

雷锋看她这神情，觉得她说的是实话，就说："你别着急，跟我来。"他立即领着大嫂到售票处，用自己的津贴补了一张车票，塞到她手里说："大嫂，这票你拿着，快上车吧，车快开了。"

那大嫂顿时激动得热泪盈眶，忙问："同志，你叫什么名字？哪个单位的？等我找到我的丈夫，我好给你把钱寄去。"

雷锋笑道："我叫解放军，就住在中国！"说完转身走了。那位大嫂感动得泪眼汪汪，上了车还不停地向雷锋挥手。

聆听家训

只欲隐①山学道，不能忍冻受饥；只欲扬名后世，复无晏婴之机②。才轻德薄，不堪③人师；徒消④人食，浪费人衣。

——[唐]佚名《太公家教》

①隐：隐居。

②机：机敏。

③堪：能够，可以。

④消：消耗，减少。

译文

只想隐居山林学习本领，不能忍受寒冷与饥饿；只想让自己名扬后世，又没有晏婴的机敏。才识疏浅德行不高，不能够成为别人的老师；只是消耗食物，浪费衣服罢了。

小叮咛

小朋友，我们要像雷锋那样，认真做好身边的每一件小事，真诚帮助身边的每一个人。做好事不是为了扬名，而是为了修炼品行，提高才学，将兢兢业业的态度和精益求精的精神贯彻到每一个细节中。

故事会

范仲淹教子重德行

范仲淹是北宋时期的思想家和教育家，他家风严谨，教子有方，教导子女做人要正心修身，积德行善。在他的教导下，四个儿子从小就熟读经书，学有所成，为人正直。

一次，范仲淹让次子范纯仁到苏州去运麦子。途中，范纯仁碰见了熟人石曼卿，得知石曼卿亲人去世，无钱运枢返乡，范纯仁便将一船麦子全部送给了他。回到家中，范纯仁因无法向父亲交差，心里忐忑没敢提及此事。

范仲淹问他："你在苏州遇到朋友了吗？"范纯仁回答："路过丹阳时碰到了石曼卿，他因亲人丧事，没钱运枢回乡，被困在那里。"范仲淹立刻问："你为什么不把船上的麦子送给他呢？"范纯仁说："我已经送给他了。"范仲淹十分欣慰，对儿子的做法大加赞赏。

范仲淹义田赡族

范仲淹虽身居高位，俸禄丰厚，但他不为子女留下钱财，而是全部用于扶危济困，把乐于助人的仁德传给了子孙。他的长子范纯佑十六岁随父防御西夏，屡立战功，是其得力助手；次子范纯仁后任宰相，在五十年的为官生涯中恪尽职守；三子范纯礼官至尚书右丞；四子范纯粹官至户部侍郎。受其父言传身教，他们都正义敢言，关爱百姓，以清正廉洁著称，俭朴的作风始终未改变，把做官得来的俸禄大多用在了扩大父亲创建的扶危济困的义庄上了，自己与家人过着非常俭朴的生活。

聆听家训

治家之事，道德为先。道德无端①，起②于日用。一日作之，日日继之，毋③怠惰，而常新④焉。

——[明]袁黄《训儿俗说》

①端：终点，尽头。
②起：起源。
③毋：不。
④常新：天天进步。

译文

管理家庭，以道德为先。道德无始无尽，源于日常生活。一天是这样做的，天天要这样，不要懒惰，而应天天有所进步。

小叮咛

小朋友，一个人只有养成重德向善的品质，才能在人生道路上走得更远，因为德是做人最根本、最美好的东西，是一切福分的源泉——这才是最宝贵的财富。

故事会

丁宝桢为国除"害虫"

丁宝桢是晚清名臣，性情忠厚，为官廉洁。他任山东巡抚期间，智杀权监安德海，为朝野震惊，至今仍被老济南人广为传说。

安德海是谁？他可是慈禧太后的心腹太监。仗着慈禧太后这棵大树的庇护，安德海骄横跋扈，私下贪污受贿，在朝中几乎无恶不作。然而朝中大臣都顾忌他背后有慈禧太后撑腰，无人敢正面和他叫板。

一次，安德海奉慈禧太后的密诏，下江南置办龙衣。这可是千载难逢的好机会啊！安德海蓄谋了多年呢！他赶紧差人造了一对大灯笼，写上"钦差"二字，高高悬挂在船头。打着"钦差"的旗号，办事就容易多啦！

一路上，安德海口称有圣旨密遣，所到之处，欺男霸女，大肆敛财，为所欲为。沿途官吏个个忌惮他的淫威，只能小心谨慎地伺候着、巴结着，哪敢有丝毫怠慢？唯有一人除外。他就是山东巡抚——丁宝桢。

丁宝桢对安德海之流早已恨之入骨，他早就想了个主意来对付安德海。丁宝桢把安德海已到山东的消息密奏给了同治皇帝，然后让骑兵前往泰安拘捕安德海。当时的安德海正沉浸在逍遥惬意的船

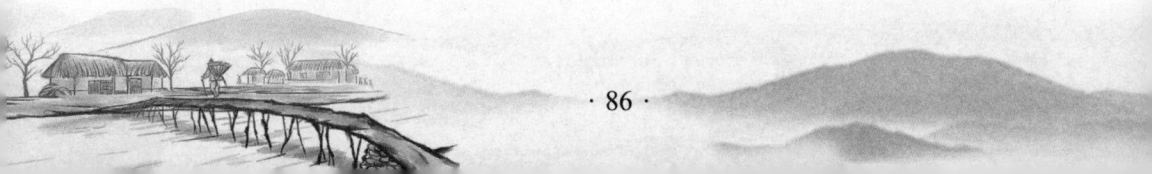

上生活中呢，哪有料到这突如其来的变故！

安德海惊魂未定，结结巴巴地喊道："我……我可是奉了老佛爷的密诏，你……你们这些不知天高地厚的东西！真是吃了豹子胆！"但无论他喊再大声也无济于事。安德海被押到济南，由丁宝桢亲自审讯。

安德海一见丁宝桢，便破口大骂："丁宝桢，你真是吃了熊心豹子胆了！等我向老佛爷禀告此事，必然让你死无葬身之地！"

丁宝桢坐在堂上，一脸威仪，说道："安德海，宦官私自出京，这是违反了祖制！按照我大清的律例，应当问斩！"

安德海一听，气焰顿时没那么嚣张了，哆哆嗦嗦地说："我有太后的密旨。"

"胡说！"丁宝桢严厉地呵斥道，"我们这些册封的大臣们都没有接到皇上的圣旨。你此次出京，必然是有见不得人的阴谋！"

恰好这时，皇上的圣旨也到了。丁宝桢得旨，将安德海就地正法。安德海自取灭亡，朝野上下大快人心。

聆听家训

姑息①易以养奸，治国如是，治家亦然②。凡子弟有不善，须以家法督责③之。

——[清]但明伦《诮谋随笔》

①姑息：无原则地宽容。

②亦然：也是这样。

③督责：督察，责罚。

无原则地一味宽容就会容易助长坏人坏事，治理国家是这样，管理家庭也是这样。凡是家中有年轻后辈做坏事的，必须用家法来督察、责罚他。

小叮咛

姑息不等同于宽容，无原则地宽容只会助长坏人坏事，酿成悲剧。小朋友，我们要正确认识和对待父母、老师、朋友对我们犯错后的批评。对我们严格要求，那是为了使我们更好地成长哦！

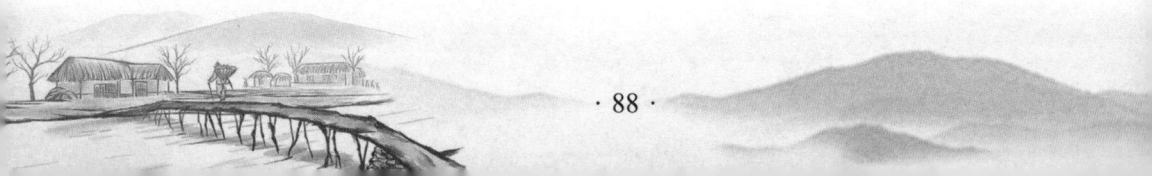

36. 做一个懂得感恩的人

故事会

结草衔环

公元前 594 年，秦桓公大举出兵伐晋。交战中，晋将魏颗与秦将杜回打得难分难解。突然，不知从哪里冒出来一个老人，只见他拿出一条用草编的绳子，一把套住杜回。杜回绊倒在地，被魏颗当场俘获。秦军见主将被俘，顿时四处逃散。晋军大胜。

当天夜里，魏颗做了个梦，梦见白天为他结绳绊倒杜回的老人对他说："恩公，我是祖姬的父亲，今天这样做，是为了报答您对我女儿的救命之恩！"

原来，祖姬是魏颗父亲魏武子生前非常宠爱的侍妾。后来魏武子生病了，他嘱咐魏颗说："我这个侍妾没有孩子，如果我死了，你就把她嫁出去吧，别为难她。"后来魏武子病重，迷迷糊糊中对魏颗说："我死之后你一定要让祖姬为我殉葬，好让我在九泉之下有个伴儿。"

魏武子死后，魏颗为祖姬找了个好人家，将她嫁了出去。他说："人在病重的时候，神志是昏乱不清的，所以我应该依据父亲清醒时的吩咐。"这个故事被记载在《左传》中。

无独有偶，《续齐谐记》有这样一个故事。东汉人杨宝年少时，有一天去华山游玩，他看见一只弱小的黄雀被凶狠的老鹰啄伤，坠

落在树下，气息奄奄。杨宝顿生怜悯之心。他把黄雀带回家，放在一个小箱子里，每天悉心照顾它，给它喂食黄花。百日之后，黄雀伤势修复，羽毛丰满，于是，杨宝将它放走了。

有一天，杨宝在灯下看书，突然一名黄衣童子出现在他跟前。童子诚恳地说："我是西王母的使者，那日奉西王母之命去蓬莱仙岛，不想半路被老鹰所伤。多谢您救了我，今天我是来报答您的救命之恩的。"

说完，黄衣童子拿出四个晶莹洁白的玉环，说："现在我把这四个玉环送给您，可保佑您的子孙位列三公，为政清廉，为人处世像这玉环一样洁白无瑕。"说完，黄衣童子就消失不见了。

后来，杨宝的儿子杨震、孙子杨秉、曾孙杨赐、玄孙杨彪四代都位居高官，而且都刚正不阿，为政清廉。

后人就根据这两个故事，结合成一个成语"结草衔环"，用以表达感恩报德、至死不忘的心志。

聆听家训

感天地之洪恩①，而知所顶戴②，自然为天地之完人。感父母之洪恩，而知所顶戴，自然为父母之孝子。感朝廷之洪恩，而知所顶戴，自可为朝廷之忠臣。

——[明]姚舜牧《药言》

①洪恩：大恩。
②顶戴：敬礼，感恩。

有感于天地的大恩，而知道要如何感恩，当然是天地间完美的人。有感于父母的大恩，而知道要如何感恩，当然是孝顺父母的人。有感于朝廷的大恩，而知道要如何感恩，当然能成为效忠国家的忠臣。

小叮咛

小朋友，在我们的生活中有很多值得感恩的人与事，感恩父母不辞辛劳的养育，感恩老师孜孜不倦的教诲，感恩朋友日复一日的陪伴……愿你能做一个懂得感恩、知恩图报的人！

37.敦亲睦族万事兴

孝感动天

三皇五帝时期的虞朝，帝王舜本是个普通平民，家境贫苦。父亲是个盲人，也是个老糊涂，母亲早年过世。不久，父亲再婚，后母生了一个弟弟，名叫象。后母刁顽，常在丈夫面前说舜的坏话，甚至还唆使丈夫杀了舜；弟弟象为人傲慢，对异母生的哥哥舜十分仇视。然而，舜仍然孝顺父母，友爱弟弟，主动承担全家的劳动工作，毫无怨言。舜的孝行感动了上天，致使他耕种的时候，有大象出来协助，有鸟儿帮他锄草。

舜二十岁时，已因为孝顺而名闻天下。他三十岁那年，当时的领袖帝尧为找寻合适的接班人，向四岳（四时之官）征询意见。四岳一齐推荐了舜。于是帝尧决定对舜进行考察，他把两个女儿娥皇和女英嫁给了舜，又命九个儿子和舜一起工作，观察他对内对外的为人。

虞帝大舜

娥皇女英（明·蒋应镐）

舜成亲后，要求妻子不能因为出身高贵而破坏家庭的规矩，要孝敬公婆，尽媳妇之道；关照弟弟，尽嫂嫂的本分。同时，舜对尧的九个儿子要求也很严格，一点也不迁就，使他们为人更敦厚谨慎，事事存敬畏之心。

帝尧很赏识舜，奖赏给他高级衣料做的衣服，一架名贵的琴，一群牛羊，又命人为他修建粮仓。舜的父亲、后母和弟弟得知后，很是妒忌，一心想暗害他，将这些名贵的东西占为己有。

一次，父亲叫舜去修理屋顶，打算暗中纵火，烧死他。舜老老实实地爬上屋顶，干起活来。父亲和弟弟赶紧偷偷拿掉梯子，放火烧房。舜一看，着火了，赶紧想爬下来，可是梯子不见了，心里一阵着急。突然，他想起妻子娥皇、女英预先给他备的两个竹笠，于是一手抓起一个，如鸟的翅膀般张开，乘风飘下，丝毫没有摔伤。

父亲等人不甘心，又心生一条毒计。他们让舜修井，打算推下沙泥土块活埋他。幸好舜吸取教训，在两个妻子的安排下，预先在井旁凿了一条通道，下井后藏在通道里才得以脱身。等他出来时，象正占据他的房子，得意扬扬地抚弄着那架名贵的琴。舜明知是父亲、后母和象合计害自己，但并没有怀恨在心，仍然和过去一样，孝敬父母，友爱弟弟。

帝尧被舜的一言一行感动，最后把帝位禅让给了舜。

聆听家训

同宗①相处，须要安分②守己。尊莫凌③卑，强莫欺弱。卑幼者不许干犯④长上，富贵者宜怜穷困。

——[明]何尔健《廷尉公训约》

①同宗：指同一家族或同姓。

②分：本分。

③凌：欺凌，凌辱。

④干犯：触犯。

译文

同族之间相处，要规矩老实守本分，不做违法的事。身份尊贵的人不欺凌地位低下的人，强者不凌辱弱小的人。位卑幼小的人不做以下犯上的事情，富贵的人应该怜悯贫穷困难的人。

小叮咛

俗话说"家和万事兴"，一个小家庭如此，一个家族、国家也是如此。舜孝敬父母，友爱弟弟，不计前嫌努力维护好家庭关系，他的一言一行闻名天下，尧因此才放心地把帝位禅让给了他。小朋友，作为我们，要维护好班级的和气、家庭的和气，敦亲睦族我们人人有责，要从自身做起，从小事做起。

38. 爱国是文明人的首要美德

诸葛亮忠君爱国

公元 223 年，蜀汉君主刘备病逝。临终前，他抚摸着丞相诸葛亮的背说："你的才能远远超过了魏国皇帝曹丕，一定能完成统一天下的大业。如果我的儿子刘禅是个明白事理的好皇帝，你就辅佐他；如果他低劣无能，你就废掉他，自己做皇帝吧！"说完泪流满面。

诸葛亮听后，痛哭着说："陛下，您放心吧，那么大逆不道的事，我诸葛亮是绝对不会做的！我一定会忠心耿耿地辅佐新主，一直到死，以报答您的知遇之恩！"

刘备还特意叮嘱儿子刘禅："不要因为坏事小而去胡作非为，不要因为好事小而不去做。"并交代，"你和丞相共事，要像对待自己的父亲一样尊重他！"

刘备死后，诸葛亮担负起了辅佐刘禅治理蜀国的重任。全国上下，不管大事小事，他都尽心尽力地去做好，一点也不懈怠。在他的努力下，蜀国很快变得强盛起来。

为了完成刘备生前统一天下的愿望，公元 228 年春天，诸葛亮率军队攻打魏国，争夺中原。由于马谡（sù）街亭失守，第一次北伐以失败而告终。这一年冬天，诸葛亮又一次整顿好军队，出兵北伐。

诸葛亮草船借箭

出征前，诸葛亮给刘禅写了篇名为《出师表》的呈文，分析当时的形势，表示北伐的决心，并表白自己"鞠躬尽瘁，死而后已"的心志。

随后，诸葛亮率领大军开始北伐。从公元228年到234年，由于蜀魏力量相差悬殊，诸葛亮六次北伐都没有成功，但他统一天下的决心从没有动摇过。然而，诸葛亮的身体越来越差，他积劳成疾，终于卧床不起，在遗憾中离开了人世。

"鞠躬尽瘁，死而后已。"诸葛亮以他的实际行动践行了这句话。

聆听家训

生我家者，父母；覆载①我家者，天地；至于覆庇②我家、安养③教卫我家者，大君。故教家以忠君为第一义。
——[清] 王心敬《丰川家训》

①覆载：天覆地载，也为覆育包容。
②覆庇：覆盖荫庇。
③安养：安息休养。

生养我的人，是父母；覆育包容我的，是广阔的天地；至于庇护我，使我安养生息并得到教育的，是君王。所以告诫家人应把效忠君王作为第一要义。

小叮咛

有人说"爱国是文明人的首要美德"，的确，爱国是一种责任，也是一种义务。小朋友，作为小学生的我们，应爱护党，应尊敬国旗、国徽，应唱好国歌，应在升国旗和降国旗时行好队礼或注目礼……爱国爱校如爱家！

故事会

苏轼立志学范滂

苏轼小时候，他的母亲程夫人经常亲自教导他和弟弟读书，并时常给他们讲古今成败兴亡的故事，以培养他们乐善好施、忠敬笃孝的品德和淡泊名利、重义行侠的气节。

有一天，母亲在给兄弟二人讲东汉历史时，突然情不自禁地长叹了几声。苏轼便问母亲为何叹气，母亲就讲起了范滂的故事：

苏轼回翰林院图（明·张路）

"范滂是东汉时期非常有学问、有才干的大臣，而且为官清正廉洁，刚正不阿。许多贪官污吏、奸党豪强被范滂严惩，那些贪赃枉法、心术不正的官员见了他都很害怕。

　　"可是老百姓闻之，无不拍手称快，纷纷向范滂检举贪官污吏的不法行为。范滂一一调查核实，上报朝廷。范滂正气凛然，深得百姓爱戴。

　　"后来汉灵帝即位，政治非常黑暗，宦官当道，把持朝政，很多正直的读书人遭到了大肆屠杀。范滂也被小人诬陷，被判处极刑，朝廷命人捉拿他。

　　"他听到消息，知道自己躲不过他们的毒手，如果逃跑，肯定会连累母亲。他不想连累年迈的母亲，打算只身前去投案。在和母亲诀别时，他说：'儿子不孝，对不起您！虽然是为了大义去死，死得其所，儿子也没有什么好后悔的，但是儿子唯一感到遗憾的是，从此不能再在母亲的身边奉养母亲了。'

　　"范母大义凛然地说：'你选择的是和那些历史上真正的名士齐名的事情，你的做法是值得尊敬的，哪怕是死，又有什么好遗憾的呢？已经有了好名声，还盼望长寿，怎么能够兼得呢？'"

　　程夫人讲到这里，不禁一番慨叹。她敬重刚正不阿的范滂，更敬重深明大义的范母。

　　苏轼听到这里，站起身，坚定地对母亲说："我也要立志成为像范滂一样有道德、有正义的人！"从此，"刚正不阿""舍生取义"的正义之火种深深地埋在了苏轼的心中。

培国之元气，在不用寡鲜①廉耻之人，使小民免腹饥肤寒之苦；培家之元气，在教之以存本有之善心，而守相传之礼法②而已。

——[清]夏敬秀《正家本论》

①寡鲜：少。
②礼法：礼仪法度。

译文

培育国家的生命力，在于不任用不廉洁、不知耻的人，这样可以使老百姓免受挨饿受冻的苦楚；培育家族的生命力，在于教导子孙保存向善的本心，遵守代代相传的礼节法度。

小叮咛

崇德向善是中华文明历史发展的光辉结晶。人有德，才能立；国有德，才会兴。小朋友，我们在生活中，应尊敬父母长辈，力所能及地承担劳动，主动帮助有困难的人……时刻保持一颗"崇德向善"的心！

40.节俭淡泊

以节俭立身的季文子

季文子出身于三世为相的家庭，是春秋时期鲁国的贵族、著名的外交家。他为官三十多年，始终保持以节俭立身的根本，并且要求家人也过俭朴的生活。

季文子穿衣只求朴素整洁，除了朝服以外没有几件像样的衣服；每次外出，所乘坐的车马也极其简单。鲁国另一名外交家孟献子的儿子仲孙见他如此，就很瞧不起他。

有一天，仲孙劝季文子说："你身为鲁国的卿大夫，德高望重，但听说你在家里不准妻妾穿丝绸衣服，也不用粮食喂养马匹。你自己也不注重容貌服饰，这样不是显得太寒酸了吗？你难道就不怕文武百官笑话你吝啬吗？你这样做简直有损我们鲁国的体面，人家会说鲁国的卿大夫过的是一种什么样的日子啊！你为什么不改变一下这种生活方式呢？那样于你自己、于我们国家都有好处，何乐而不为呢？"

季文子听后，淡然一笑，然后严肃地说："谁不愿意把家里布置得豪华典雅？谁不愿意穿绫罗绸缎、吃山珍海味、养名马良驹？但是你放眼看看我们国家的老百姓，还有多少人吃着粗糙得难以下咽的食物？还有多少人穿着破旧不堪的衣服？还有多少人饱受着饥寒交迫的煎熬？一想到这些，我怎么能忍心只顾为自己添置家产呢？如果平民百姓都吃着粗茶淡饭、穿着破旧衣服，而我奢侈享受，装扮妻妾、精养良马，这哪里还有为官的良心呢？况且，我听说一个国家的强盛与光荣，只能通过臣民的高洁品行表现出来，并不是以他们拥有美艳的妻妾和良骥骏马来评定的。既然如此，我又怎能接受你的建议呢？"

这一番话，说得仲孙满脸羞愧。从此，他一改往日态度，对季文子满怀敬重。他也开始效仿季文子，注重生活的简朴，要求妻妾穿用普通布做成的衣服，家里的马匹用谷糠、杂草喂养。

后来，季文子听说了这件事，觉得仲孙能知错即改，以身作则，就特意提拔他做了上大夫。再后来，在季文子的倡导下，鲁国朝野出现了俭朴的风气，并为后世所传颂。

聆听家训

> 大凡①身登仕路，最要晓得步步节俭，不失书生素履②，上之可勉③为淡泊宁静之儒，下之亦不受将来身家之累。
>
> ——[清]纪大奎《敬义堂家训》

①大凡：大抵，凡是。
②素履：平凡朴质的言行举止。
③勉：勉励。

译文

大抵走上仕途之路，最要记住时时刻刻保持节俭，不失去书生朴实无华、清白自守的为人处世之道。这样首先可以使自己努力成为淡泊名利、宁静致远的儒士，其次也可以在将来避免受这些身外之物的牵累。

小叮咛

节俭淡泊的人生是纯朴自然、真实无伪的。历来我们中华民族就有"崇俭"的美德，无论过去还是现在，这都是一笔宝贵的精神财富。尤其在富裕发达的今天，我们更要从日常小事来提醒自己，如过度追求生日的排场，吃穿用讲究品牌，学习上一味争名夺利……这些都要不得啊！

41. 恭敬谦逊，低调处事

聪明反被聪明误

聪明杨逸祖世代继督蜾蠃草下飞蛇走妇
中锦绣成济殷聱四坐捷封冠群其身死
回卡误缣非关欲迟开 崔一行实

杨修像

杨修是曹操门下掌库的主簿，学识渊博，聪慧机敏，但他最终却被曹操所杀，其主要原因就在于他爱耍小聪明，爱张扬自己的才华。

一次，曹操命人修建府邸大门。工匠们正在搭椽子，曹操从内室走出来，察看了一番施工的情形，然后提笔在门上写了一个"活"字，是好是坏，是褒是贬，未留只言片语。施工人员个个丈二和尚摸不着头脑，不明白这是何意。杨修却立即下令将门拆掉重建。他笑着说："门中一个'活'，可不就是'阔'吗？丞相这是嫌门太宽啦！"

又有一次，塞北进贡来一盒酥饼，曹操吃了一点点，在盒盖上写了"一合酥"三字，然后径自出去了。屋里其他人有的没有理会这事，有的不明白何意，不敢妄动。这时杨修见到了，竟随手拿来与众人分食了。曹操回来见大家正在吃他的酥饼，便问其原因，杨修回答说："盒子上明明写着'一人一口酥'，我们怎么敢违背您的命令呢！"曹操表面虽乐呵呵的，但心里却厌恶极了杨修。

过了不久，杨修与曹操经过曹娥碑，见碑上有"黄绢幼妇，外孙齑（jī）臼"八个字。曹操便问杨修："你知道这是什么意思吗？"杨修迫不及待地告诉曹操："当然知道！"曹操说："你先不要说出答案，先让我思考下。"等走了三十里路之后，曹操才恍然大悟地说："我终于明白了！"说完就吩咐杨修写下他的答案。杨修写了"绝妙好辞"四字。曹操也写下了自己的答案。二人所写是同一个答案。原来，"黄绢"是有色丝品，即"绝"字；"幼妇"是少女，是个"妙"字；"外孙"是女儿的子女，就是"好"字；而"齑臼"则是用来盛辛辣调味品的器皿，即受辛之器，就是个"辞"字（"辞"古字为"辤"）。事后，曹操不无感慨地说："我的才华与你相差三十里路远啊！"

这样一而再再而三，渐渐地，曹操觉得杨修才华比他高，而且太爱显摆自己，便萌生了除掉他的念头。

后来，在一次战役中，曹军陷入进退两难的境地。一天，厨子呈上来一碗鸡汤，曹操见碗中有鸡肋，有感于眼下的战事，随口说出："鸡肋！鸡肋！"将士们都不知道曹操这是什么用意。只有杨修说："鸡肋，吃起来没有多少肉，但是扔掉又觉得可惜啊，我看曹公已经决定班师回朝了。"于是便自作聪明，下令班师。曹操得知此事后，认为杨修此举是在扰乱军心，一气之下，就借机下令杀了杨修。

机智聪明、才华横溢的杨修，就这样"聪明反被聪明误"。

尔凡事当以情理酌①之，不可太随和，亦不可太拘渥②。总是虚心下人，谁所见者是，即惟③谁之言是从。一切推心与人，自无不可共事和衷④之理。

——[清]丁宝桢《丁文诚公家信》

①酌：斟酌，考虑。

②拘渥（wò）：固执，不变通。

③惟：同"唯"。

④和衷：和睦同心。

译文

不论什么事你都应当用情理去斟酌它，不能太过于和顺，也不能太固执，不懂变通。无论对谁都要谦虚恭顺，无论是谁只要他的看法是对的，那就要照着他说的去做。如果一直与人诚心相交，自然没有不能共同处事、和睦同心的道理。

小叮咛

真正有智慧的人往往恭敬谦逊，低调处事。他们怀抱自然，却在无声处蓄养自己的才华，既不让坦荡的胸怀被欲念遮蔽，又不让谦和的心境被虚荣充斥。小朋友，我们应该向真正的聪明人靠拢，做人恭敬谦逊，做事低调谦和。也许这样的改变不会让我们成为高人，但至少会让我们更有境界。

三省吾身

曾参出生在一个没落的贵族家庭，他与母亲过着"三日不举火，十年不制衣"的清贫生活。

曾子啮指心痛〔清·王素〕

曾参性情沉静，举止稳重，勤奋好学。十六岁时，他拜孔子为师，并很快学有所成，深得孔子喜爱，也颇得孔子真传。

同学们见他进步神速，就好奇地问："你怎么进步这么快呀？"曾参谦虚地说："我每天都要多次反省自己：替别人办的事情有没有尽心尽力啊？与朋友交往有没有不诚实的地方啊？老师传授的学业是不是好好温习啦？"

就这样，曾参从不懈怠，养成了每天"三省吾身"的好习惯，品行更加高洁，学识更加渊博，为人更受人尊重了。

曾参虽然家境贫寒，却一直淡泊名利。鲁国国君曾几次派人要封赏给他一块地，但曾参坚决不接受。他说："接受别人馈赠的人，就会害怕得罪馈赠者；给了人家东西的人，就会面露骄色。就算国君赏赐我封地而不对我显露骄色，但我能不因此而害怕得罪他吗？"孔子知道后，评价说："曾参的话，是足以保全他的节操的。"

曾参一生致力于研究孔子学说，积极传播儒家思想，相传他著有《大学》《孝经》等儒家经典。

聆听家训

夜觉①晓非，今悔昨失②。
——[南北朝]颜之推《颜氏家训》

①觉（jué）：省悟。
②失：过失。

译文

夜晚能够觉察到白天的错误，今日追悔昨日的过失。

小叮咛

小朋友，我们每做一件事，都值得反思一下，这件事什么地方做得好，什么地方做得不足，知过即改，知不足即弥补，这样才能不断地超越自我。

43. 忠言逆耳利于行

刘邦封库

公元前 207 年，刘邦攻占咸阳后，进秦宫察看。秦宫内宫室富丽堂皇，帷幔精美华丽，宝物不计其数，而且美女如云。刘邦感到前所未有的新奇与满足，产生了想留下来住在这里，好好享用这一切的念头。

樊哙（kuài）是刘邦的部下，他看出了刘邦的心思，就问他是要做一个富豪，还是要统领天下。

刘邦说："当然是统领天下！"

樊哙又说："秦宫里珍宝无数，美女众多，这些都是导致秦朝灭亡的原因。请沛公速速返回灞（bà）上，千万不要留在秦宫中！"

刘邦已深深陶醉在眼前富丽堂皇的景象中，哪还听得进樊哙的劝告。

谋士张良知道后，对刘邦说："秦王昏庸无道，百姓才起来造反。如今，您替天下百姓除掉暴君，更应该维护形象，以简朴为本。现在您刚到秦宫

刘邦斩白蛇

109

就想享乐，这样做相当于'助纣为虐'，怎么能行呢？忠诚正直的话虽然会不顺耳，但对行动有利；好药一般都很苦，但能治病。望主公听从樊哙的话！"

刘邦深以为然，便听从了樊哙、张良的劝告，马上下令封库，关上宫门，返回灞上。

聆听家训

言之逆耳①，勿遽②动于心；心所不然③，勿遽形于色。

——[明]王樵《王樵家书》

①逆耳：不顺耳。

②遽（jù）：迅速。

③然：认为对的。

译文

不顺耳的话，不要马上往心里去；心里不接受的，不要马上表现在脸上。

小叮咛

每个人都不能保证自己做的事都是无可挑剔的，如果每天听到的全是赞美自己的话，这反而不是一件好事。有了过错并不可怕，可怕的是讳疾忌医，不愿接受别人的批评意见。小朋友，"良药苦口利于病，忠言逆耳利于行"，希望你能时刻听得进"逆耳"的"忠言"。

44. 静以修身，俭以养德

苏轼的持家之道

"唐宋八大家"之一的苏轼，二十一岁中进士，前后共做了四十年的官。他一生节俭，常常精打细算过日子，即使身居高位，也从不放纵。

有一次，一位久未见面的老友请苏轼吃饭。苏轼再三叮嘱老友不可大操大办，但当他赴宴时，却见酒席丰盛无比，便毫不客气地说："看来老兄并不真正了解我啊！"说完转身告退。老友连忙解释，但苏轼仍拒绝入席。苏轼走后，老友不无感慨地说："当年苏轼遇难，生活简朴。没想到如今身居高位，仍不改本色，节俭如初。"

苏轼在朝廷做官时，曾三次担任皇帝的陪读。他常常向皇帝进言，讲述勤俭治国的道理。有一年，宋神宗要大办元宵节，打算用四千盏浙灯来装点。苏轼想："现在国库亏空，民不聊生。皇上这样做，是劳民伤财之举啊！还会助长社会上追求奢华之风。"于是他立马起草奏章——《谏买浙灯状》，上书宋神宗，说服皇上简朴过节。

苏轼也要求他的亲人简朴。他有一位做高官的远亲，生活极为奢华，吃的、穿的、住的、用的，都要求名贵。他家里还养了很多的仆从，据说单是起床、穿衣等起居小事，就要有两个仆从专门伺

候；若是洗澡，就要九个人服侍，洗完后还要用各种名贵药膏擦身，用异香熏烤衣服。苏轼对他极为反感。有一次，这位亲戚给苏轼写了封信，信中夸耀自己奢靡的"养生之道"。苏轼回信时，仅简单地回了一个"俭"字。他希望这位亲戚以"俭"为本，修身养性。

公元 1080 年，苏轼被贬官到黄州。贬官后没有足够的钱，没有足够的口粮，怎么办呢？他并没有被穷困窘迫吓倒，他自己动手开荒地，撸起袖子加油干，还饶有兴致地给这块地取名叫"东坡"。

为了不乱花一文钱，他还实行计划开支：先把所有的钱计算出来，然后平均分成十二份，每月用一份；每份又平均分成三十小份，每天只用一小份。钱全部分好后，按份挂在房梁上，每天清晨取下一包，作为全天的生活开支。拿到一小份钱后，他还要仔细权衡，先买急需的，能不买的东西坚决不买，只准剩余，不准超支。积攒下来的钱，苏轼把它们存在一个竹筒里，以备意外之需。

赤壁图（明·文嘉）

夫君子之行^①，静以修身，俭以养德。非淡泊^②无以明志^③，非宁静无以致远^④。

——[三国]诸葛亮《诫子书》

①行：行为操守。

②淡泊：恬淡寡欲。

③明志：明确志向。

④致远：达到远大目标。

译文

君子的行为操守，以宁静来提高自身的修养，用俭朴来培养自己的品德。不恬淡寡欲无法明确志向，不排除外来干扰无法达到远大的目标。

小叮咛

"静以修身，俭以养德"，很多人将它作为座右铭，激励自己修身养德。小朋友，我们也要向苏轼学习，养成节俭的生活习惯，尊重劳动，精打细算，厉行节约。

45. 君子当守道崇德

乱世乱，家风不可乱

公元531年清明时节，春雨纷纷，古城江陵（今属湖北）一户家境还算优厚的士族人家，第三个男孩降生了。父亲颜协给他取名"颜之推"。

颜家是颜回后人，向来以德行传家，忠君爱国，一门孝悌。父亲颜协学识过人，在南梁王朝荆州刺史萧绎麾下担任要职，所以颜之推小时候物质富足，衣食无忧。然而不幸的是，颜之推刚满九岁时，父亲便离世了。从此，颜家家道中落、人口凋敝，物质生活堪忧。

少年颜之推有幸得兄长慈爱，却因交友不慎，受到世俗之人坏习的熏染，喜好饮酒，轻狂放纵，信口开河，不修边幅。直到他十八九岁时，才渐渐意识到要磨砺自己的操行，故而不断精进，后来踏上了仕途。

可颜之推生活的那个年代，真是战乱纷纷、动荡不安啊，他刚踏上仕途，就遇上了侯景之乱，不幸成了俘虏。这个自封为"宇宙大将军"的侯景不仅野蛮粗鲁，而且异常仇视士族——因为他曾因出身不好而被士族拒婚。颜之推被掳后，侯景多次想杀了他，亏得有侯景部属出来相救，才勉强保住了性命。颜之推吃了三年牢饭，

直到萧绎登上帝位（也就是梁元帝），才被释放。

可是，萧绎的帝位宝座只坐了两年，屁股还没坐热，他的王朝便被西魏攻灭了。颜之推再度被俘。好在西魏政权十分看重有识之士，这真是不幸中的万幸哪！像颜之推这样有真才实学的人物，在西魏再度谋个一官半职来当当，可是容易得很！这不，西魏大将军就看中了他，大力举荐他。可颜之推却始终不从，不仅不从，还绞尽脑汁寻找机会逃走。被俘一年多后恰好遇上黄河水暴涨，他便偷偷携妻带子，渡过黄河，到达北齐，计划由此绕道回到故国。

哪知他的故国已改朝换代。不得已，颜之推只得留在北齐，开始异国为官的人生。凭借自己的学识，颜之推在北齐也很受重视。可悲剧的是，这个王朝后来被北周给灭了。身为降臣的颜之推，虽继续得到重用，然而北周很快又被隋朝所取代。

此时的颜之推已是五十来岁的老人，三十来年的颠沛流离，无数次血与火的教训，让他无比清醒地认识到一点：乱世乱，家风不

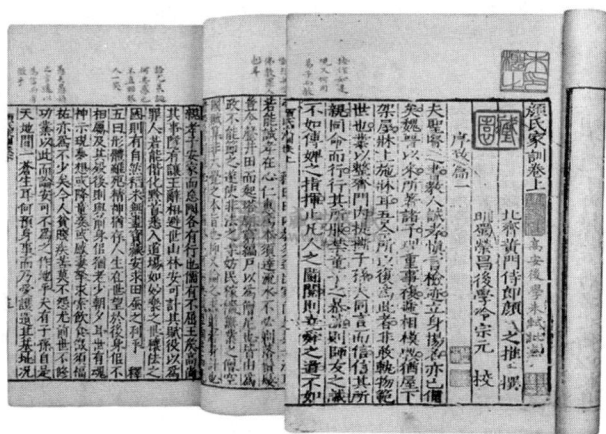

《颜氏家训》书影

可乱。当时，南方士族生活腐化，家风普遍不正，结果在毁掉了国家、害够了百姓之后，将自己也葬送了。鉴于此，颜之推开始撰写《颜氏家训》，希望子孙始终守道崇德，恪守家训，严谨家风。颜氏子孙将其视为庇佑家族的精神法典，修身立德，不仅让家族得以存续下去，还逐渐兴旺起来。

聆听家训

君子当守道崇德，蓄价①待时，爵禄②不登③，信由天命。

——[南北朝] 颜之推《颜氏家训》

①蓄价：蓄养声望。
②爵禄：爵位俸禄。
③登：得到。

译文

君子应当坚守正道，增强自身的道德修养，蓄养名望身价，等待合适的机会，就算不能得到高官厚禄，那也是由上天安排。

小叮咛

小朋友，即使是在乱世，门风家教仍不可忽视，而在如今这样的太平年代，坚守正道、涵养道德、恪守家训、严谨家风，更是不可忽略哦！习近平爷爷曾说："不论时代发生多大变化，不论生活格局发生多大变化，我们都要重视家庭建设。"可见门风家教对社会长治久安的重要性。

一家能勤能敬，虽乱世亦有兴旺气象；一身能勤能敬，虽愚人亦有贤智风味。

46.要"俭"不要"吝"

华侨旗帜，民族光辉

陈嘉庚（1874—1961），福建厦门集美人，是著名爱国华侨领袖。这位腰缠万贯的华侨大富翁，一生却以艰苦朴素为荣，以奢侈浪费为耻，并以此作为家教，教育自己的子女。

他的儿子阿国在中学读书时，有一次从父亲的集通银行里多取了十块银元。这件事刚好被回厦门清理账务的陈嘉庚发现了。他立即派人把阿国找来，进行了严肃的教育。他开门见山地问阿国："你嫌我每月给你八块银元的生活费太少了吗？"

阿国点点头，以为爸爸要征求他的意见，为他多增加一些生活费。没想到，陈嘉庚十分生气地说："你是个中学生，每月八块银元还不够花？要知道集美师范学校有许多穷苦学生，一个月才拿四块银元的助学金，还要节省一半寄回家，你可真会花钱啊！"

阿国不解地说："我和他们不一样！我……您有几百万元的家财呀！"陈嘉庚发火了，举起拐杖指着儿子说："不错，我有几百万元家财，但是我要把它用于社会，决不让子孙挥霍！"他命令儿子每月从生活费里少支两块银元，五个月必须把多支的十块银元扣清。

陈嘉庚还坚持只要儿女长大就业后，就不再资助他们生活费用，让孩子自己去体会生活的艰辛，靠自己的力量去创造生活。

陈嘉庚一生致力于振兴教育事业，从 1913 年起，他在家乡先后创办了厦门大学、集美航校、集美中学等几十所学校，捐款超过两亿元。毛泽东曾称赞他："华侨旗帜，民族光辉。"

聆听家训

俭者，省约为礼之谓也；吝^①者，穷急不恤^②之谓也。

——[南北朝]颜之推《颜氏家训》

①吝：吝啬，小气。
②恤：体恤，救济。

译文

节俭，是指合乎礼制的节省；吝啬，是指对困窘危急的人也不给予救助。

小叮咛

小朋友，在物质生活不断富裕的今天，我们仍要牢记节俭的美德，因为节俭是天然的财富，奢侈是人为的贫困。要节俭，但是吝啬却要不得哦！像陈嘉庚这样，对自己、对子女要求艰苦朴素，但在振兴教育事业上，却毫不吝啬，不愧为"民族光辉"呢！

47. 与人为善，以和为贵

周总理理发

北京饭店理发部有个朱师傅，他经常给周总理理发。

有一次，由于总理有外事活动，需要去迎接外宾，行程紧张，所以打电话让朱师傅来家理发。

朱师傅给总理理完发后，就开始刮脸了。刮到下颏（kē）时，总理突然咳嗽了一声，朱师傅没提防，在总理脸上划出了一个小口子。朱师傅见此情况，紧张得脸都红了，忙说："总理……我……我真对不起您！"

周总理笑了笑，拉住朱师傅的胳膊安慰道："老朱啊，这怎么能怪你呢？都怪我咳嗽没跟你打招呼嘛！幸亏你刀子躲得快，只是刮个小口子，不碍事的。"

说着，总理和朱师傅都笑了。朱师傅心里热乎乎的。

又过了一个月，总理亲自到理发部理发了。这天，朱师傅见总理眼睛里挂着红丝，知道他为国家大事日夜操劳，实在太疲劳了，赶忙把躺椅放平，让总理躺下，一边理发，一边让总理休息。

不一会儿，总理就睡着了。听着总理匀称的呼吸，朱师傅心想："总理肯定又是几天几夜没合眼了，就是睡上一小会儿也好啊！"

朱师傅轻手轻脚、小心翼翼地理呀理呀……可是才过了一小会儿，总理猛然醒了。他看了一下挂钟，催促朱师傅说："快点，该收摊子了！"

朱师傅以为耽误了总理的重要活动，忙问："总理今天还有外事活动吗？"

"不，不！"总理摇摇头，然后笑着用手指了指朱师傅的肚子，说："我只是担心你的肚子，你该去吃饭了。你看，吃饭时间不是到了吗？"

总理的关心，让朱师傅倍感温暖。

又有好长一段时间总理没有去理发了，朱师傅找到总理的秘书，对他说："请您告诉总理，再忙，也得理个发呀！"秘书把信捎走了。朱师傅耐心地等啊等啊，他天天等，日日盼，谁知等来的竟然是总理去世的噩耗。

朱师傅哽咽着为总理修整遗容。看着总理清瘦的脸庞，朱师傅泪如雨下，他哭着说："总理啊总理，我在您身边待了二十七年，可惜在您临终前竟然没能来得及给您理理发、刮刮脸呀！我太对不起您啦！"

总理秘书见朱师傅哭得厉害，说："先前你的信我给总理捎到了。可总理讲：老朱给我理了二十多年发，要是让他看到我病成这个样子，准会难过的，就不必让他来了。总理让我转告你，他谢谢你的一番好意……"

周总理为国家、为人民操劳一生，直到生命的最后一刻仍在为他人着想，这是多么崇高的品格啊！

唯廉勤①二字，人人可至。廉勤所以处己，和顺②所以接物。与人和则可安身，可以远害③矣。

——[宋]赵鼎《家训笔录》

①廉勤：廉洁勤勉。

②和顺：温和顺从。

③害：灾难，危险。

译文

廉洁勤勉，这是每个人都可以做到的。廉洁勤勉可以用来要求自己，温和顺从可以用来待人接物。与别人和睦相处就可以容身立足，可以远离灾祸。

小叮咛

小朋友，人生活在这个世界上，是要与各种各样的人交流共存的，要多一些谦让，少一些争吵；多一些礼节，少一些谩骂；多一些关爱，少一些淡漠。这样，人与人之间的关系就更融洽，我们的社会就会变得更和谐。

48. 一言一行，不忘诚信

商人和渔夫

渔父图

从前，济阳有一个商人。一次，他载着满船的货物过河时，遭遇狂风骤雨，船沉入了河底。

商人拼尽全力，抓住一根大麻杆大声呼救。有个渔夫闻声而来。商人急忙大喊："我是济阳最大的富翁，你若能救我，我给你一百两黄金！"

渔夫跳下湍急的河流，使尽全身力气把商人救上岸。上岸后的商人极不情愿地给了渔夫十两黄金，对之前的许诺拒不认账。

渔夫责怪他说："我并非要你的一百两黄金，只是你出尔反尔，太不守信了。"

"你一个渔夫，一生都挣不了几个钱，突然得十两黄金还不满足吗？知足吧！"商人反驳道。渔夫摇摇头，怏怏而去。

不料想，多年后那商人又一次在原地翻

船了。他苦苦呼救，那个曾被他骗的渔夫告诉其他人说："他就是个说话不算数的人！"后来商人淹死了。

商人两次翻船而遇同一个渔夫是偶然的，但商人的不得好报却是在意料之中的。一个人若不守信，便会失去别人对他的信任，一旦遭难，便不会有人再愿意出手相救，只能坐以待毙。

聆听家训

吾见世人，清名登而金贝①入，信誉显而然诺亏，不知后之矛戟②，毁前之干橹③也。

——[南北朝] 颜之推《颜氏家训》

①金贝：金钱，货币。
②矛戟：古代兵器。
③干橹：小盾和大盾。

译文

我看到世上的人，有了清廉的名声后就开始聚敛财富，有了显耀的信誉后就开始说话不算数了，殊不知他们后来的行为好比尖利的矛戟，毁坏了先前美名的盾牌。

小叮咛

诚信是社会主义核心价值观之一。信誉至上，诚信为本；真诚做人，坦荡做事。这是一种襟怀，一种情操。小朋友，希望你时刻把诚信带在身边，答应了别人的事就要做到，与他人有约定就要遵守，做一个诚实守信的好学生！

49.廉洁之火生生不息

包拯拒礼

宋仁宗时，朝野上下弥漫着一股送礼之风。包拯对这股送礼收礼之风历来持反对意见，他几次上书皇帝，请求颁诏禁止官员之间送礼收礼的现象，以开廉洁之风。他在给宋仁宗的奏疏中说："廉者，民之表也；贪者，民之贼也。"包拯无时无刻不严于律己，身体力行。

这一年正是包拯的六十大寿，寿辰前几天，他就命儿子包贵及王朝、马汉等站在衙门口拒礼，并严肃地对他们说："你们要严格执行任务，任何人送来的礼物皆不能收，一律劝回，违者必定严惩！"

可谁知，第一个送寿礼的就是当朝皇帝，派来送礼的是六宫司礼太监。老太监到了门外，高喊道："请包拯包大人接旨收礼！"

在门口站岗执勤的包贵、王朝、马汉等人面面相觑（qù），左右为难。包贵想，这可是当今皇上送来的礼，如若拒绝不收，这不是抗旨不遵吗？可父亲的命令不断在他耳边回响，他又不敢违抗。无奈之下，包贵只好向老太监呈上笔墨纸砚，赔笑道："公公，劳烦您老将送礼的缘由写在这张红纸上，我好转呈父亲。"

老太监听后，当即提笔在红纸上写了一首诗：

> 德高望重一品卿，
>
> 日夜操劳似魏征。
>
> 今日皇上把礼送，
>
> 拒礼门外理不通。

包贵让王朝把诗拿到内衙呈给父亲。不一会儿，王朝带回原红纸交付老太监，只见原诗下边添了四句：

> 铁面无私丹心忠，
>
> 做官最怕叨念功。
>
> 操劳为官分内事，
>
> 拒礼为开廉洁风。

六宫司礼太监看罢，半晌无语，摇着头叹着气，带着礼物和那红纸回宫交差去了。

包公祠

为政①之要②，曰公与清；成家之道③，曰俭与勤。

——[宋]李邦献《省心杂言》

①为政：治国理政。
②要：要点。
③道：方法。

译文

治国理政的要义，是公正和清廉；持家兴家的方法，是俭朴和勤劳。

小叮咛

廉洁，是一种高洁的品格，"不要人夸好颜色，只留清气满乾坤"；廉洁，是一种高尚的情操，"粉骨碎身浑不怕，要留清白在人间"。小朋友，在日常生活中，我们应该做到不贪图小便宜，不将他人的东西占为己有，让廉洁之花永远盛放，生生不息！

50. 做人三要："清""慎""勤"

"河工"靳辅

清朝统治者入主中原后，就把运河视作赖以生存的"国脉"，还专门设立了河道总督衙门，专管河道治理，保证运河畅通。

康熙十六年（1677），黄河水患泛滥，四处决口。忧心忡忡的康熙皇帝心里明白得很，如果"国脉"不通，自己的统治地位就将遭到威胁，清朝统治者完全有可能被逐出中原。

这一年三月，靳（jìn）辅被提升为河道总督。河道总督可是个美差呀，因为治河工程浩大，朝廷动不动就会拨款几十万甚至几百万两白银，那些心术不正的官吏借机中饱私囊，大发横财。但靳辅不是那样的人，他为人廉洁，分外之财分文不取。

新官上任三把火，靳辅上任不到三个月，一日连上"八疏"，提出治河方案和一系列具体工程措施，震动了整个朝野，就连束手无策的康熙，也像是看到了救命的稻草。康熙一拍脑门儿，毅然决定由国库出全资大修河道——尽管当时的国库可谓捉襟见肘。

靳辅雷厉风行，在阻碍漕运通畅的关键地区开展了声势浩大的治河运动。如大举疏浚清口及以下河道，并修筑两岸堤防；堵塞黄河两岸决口，修筑黄河两岸堤防，并创建减水坝……一切风风火火地进行着。他还处处以身作则，哪里出现险情，就赶赴哪里，亲临现场指挥。

经过八年努力，黄河大治。康熙听说后异常激动，决定亲自视察工作。他每到一处，百姓无不夸赞靳辅廉洁奉公，治河有方。康熙深感欣慰，对靳辅大为赞赏。

然而，一场悲剧不久就发生了。一次，康熙偶然提到"开下河"，一些官员为迎合上司，纷纷附和。唯有靳辅觉得不妥，认为容易造成海水倒灌。不过康熙坚持己见，就另派了大臣去黄河入海口专管此事。不久，靳辅遭到了很多人的弹劾。原来，黄河水患消除后，当地豪强纷纷抢占河两岸的无主荒田。靳辅就上书要求丈量田亩，把这些田地作为官田让百姓耕种。这自然遭到了那些豪强们的恶意报复，他们四处散播流言，中伤靳辅。康熙迫于舆论压力，罢免了靳辅的职务。

几年后，康熙第二次南巡，他沿途察访民情，察看治河工程，深感靳辅治理黄河卓有成效，于是下令恢复靳辅官职。这一年，靳辅已经五十九岁，尽管如此，他还是毅然接受任命。后来，靳辅因操劳过度，不幸去世。

靳辅死后五十年内，黄河都没有出现严重的水患。百姓们纷纷传说他是"河伯再世"。他还留有一部《治河方略》，对后世产生了重要影响。

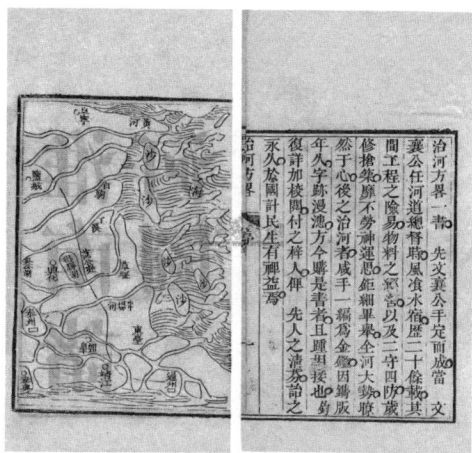

《治河方略》书影

居官之要，曰清，曰慎，曰勤，而济之以和。清则清白一心，不敢自私自利；慎则事事敬谨，不敢毫有贻误①；勤则夙②夜匪懈③，不敢苟且④晏安⑤。

——[清]靳辅《庭训》

①贻（yí）误：耽误。

②夙（sù）：清早。

③匪懈：不松懈。

④苟且：只图眼前，得过且过。

⑤晏安：逸乐。

译文

做官的要领，一要清，二要慎，三要勤，三者和谐地实施。清，就是保持清白的心，两袖清风，从不敢为自己的私事谋利益；慎，就是要事事恭谨，从不敢有丝毫的懈怠耽误；勤，就是日夜不松懈，不敢得过且过，安于安逸的现状。

小叮咛

小朋友，作为小学生的我们，要如何做到"清""慎""勤"三要呢？我们可以从小事做起，养成良好的习惯、品质，比如不抄袭作业，考试不作弊，不给同学起绰号，勤奋刻苦学习，等等。

故事会

美味在眼前

清晨，在山中，一条河流静静地流淌。

一只苍蝇在河面上方飞旋，离河面仅差几厘米。水中有一条小鱼，它心想：如果苍蝇再飞下来两厘米，我就可以跳起来吃掉它了。

岸边潜伏着一只熊，它心里寻思着：如果苍蝇飞下来两厘米，那条小鱼就会跳起来吃掉它，而我就可以冲过去好好地享受一顿美餐了。

河流附近，一名猎人正藏在茂盛的草丛里，他静静地看着这一幕，心里盘算着：如果苍蝇下降两厘米，小鱼就会跳起来吃掉它，熊就会跑过去抓住鱼，而我就可以一枪击中那只熊。

岸上的一个洞口处，躲着一只老鼠，它思考着：如果苍蝇下降两厘米，小鱼就会跳起来吃掉它，熊就会跑过去抓住那条鱼，而猎人就会站出来向熊射击，那我就有足够的时间溜过去拿走猎人袋子里的奶酪了。

这时，在附近的一棵树上，蹲着一只小猫。小猫琢磨着：如果苍蝇下降两厘米，小鱼就会跳起来吃掉它，熊会跑过去抓住那条鱼，而猎人就会站出来向熊射击，而那只老鼠就会跑出来偷奶酪，那样

我就可以快速地抓住老鼠了。

小鱼，熊，猎人，老鼠，小猫，大家心里都美滋滋的，满怀期待。

突然，苍蝇下降了！大家早有预谋地立刻按计划行动起来：小鱼跳起来吃掉了苍蝇，熊冲出来一口将小鱼吞进了肚子，猎人站起来向熊射击……

然而，"砰"的一声枪响，打破了所有的宁静，老鼠吓得忘记了奶酪，而猫也忽然失去了平衡，从树上掉了下来。

聆听家训

家败离不得个奢[①]字，人败离不得个逸[②]字，讨人嫌离不得个骄[③]字。

——[清]曾国藩《曾文正公家训》

①奢：奢侈。

②逸：安闲，安乐。

③骄：骄傲。

译文

家庭败落离不开过分追求奢华，个人失败离不开安逸放纵自己，讨人嫌弃离不开骄傲自负。

小叮咛

小朋友，好逸恶劳这种行为是非常不好的，不利于我们身心的健康发展。一个国家，人民如果养成好逸恶劳的恶习，这个国家肯定不会长治久安。在日常生活和学习中，我们都要以好逸恶劳为耻，以勤奋劳动为荣。

52.为官者清廉为本

姚崇不徇私情

唐朝开元年间，吏部尚书魏知古要去洛阳一带考察官员政绩。宰相姚崇有两个儿子在那儿当官，离京前，魏知古特地到姚府辞行，不料姚崇对他十分冷淡。

魏知古是姚崇一手提拔起来的，他到洛阳后，私下接见了姚崇的两个儿子。姚崇之子请求他在皇上面前为自己美言。

唐玄宗接到魏知古的奏折，见他极力赞扬姚崇的两个儿子，便宣姚崇进殿，说："你的儿子都很有才干，政绩不错，朕有意提拔他俩。"

姚崇坦然地说："我这两个儿子才识平平，又不善理政，不足以提拔。"

唐玄宗见姚崇能秉公处事，十分高兴地说："魏知古徇私妨碍公事，辜负了你对他的教导，我也不能原谅他。看来只有罢了他的官以正朝纲。"

姚崇复奏道："我教子不严，罪该受罚。如果陛下因此事贬谪魏知古，那人们就会说他是当了我的替罪羊了。"

唐玄宗听后十分赞许，遂令魏知古改任工部尚书。

姚崇历任武则天、唐中宗、唐睿宗、唐玄宗四朝宰相，与房玄

龄、杜如晦、宋璟并称唐朝四大贤相。尤其是在唐玄宗时期，姚崇佐理朝政，革故鼎新，大力推行社会改革，兴利除弊，对"开元之治"贡献尤多，影响极为深远。

聆听家训

国之元气在君子顾[1]廉耻，小人足衣食。不廉则无所不取，无耻则无所不为；衣食不足，饥寒切身[2]，则人心思乱[3]，国非其国矣。

——[清]夏敬秀《正家本论》

[1]顾：顾及，知道。
[2]切身：迫身。
[3]思乱：想着怎么变故。

译文

一个国家的气数在于统治者顾及廉耻，普通百姓衣食充足。如果当官不清廉，就会从百姓身上随意剥削；如果不知羞耻，那么没有什么事情做不出来。如果百姓衣不蔽体、食不果腹，饥寒交迫，那么人心不稳，就会想着如何变故，国家就不再是原来的国家了。

小叮咛

姚崇秉公处事，不徇私舞弊，实乃为官典范。小朋友，让我们也立志"读圣贤书，做天下事"，从力所能及的小事做起，做到平日不浪费，不随意接受他人赠送的别有用心的东西，为我们的健康成长打下基础。

53. 留清白在人间

两袖清风的于谦

于谦是明代杭州府人，他在明宣宗、英宗、景宗各朝都做过不小的官。当时官场黑暗，营私舞弊、贪赃受贿成风，于谦抱定"粉骨碎身浑不怕，要留清白在人间"的志向，清廉奉公，颇有政绩。

当时朝中宦官王振专权，他骄横跋扈，作威作福，肆无忌惮地贪赃纳贿。地方官进京或京官奉差外出回京，都必须向他献纳金银珠宝；如若不然，就会遭到种种非难、排挤和打击。

于谦对王振的不法妄为早已深恶痛绝。他每次进京商议国事，都是空手而去。有好心人私下劝他带些绢帕、蘑菇、线香之类的土特产品，好送给权贵们做个人情。于谦听了，潇洒一笑，他甩了甩两只袖子，风趣地说："谁说我没带东西呢？你看我不是带了'两袖清风'吗？"他当即展纸挥毫，赋诗一首表明心迹：

> 绢帕蘑菇与线香，
>
> 本资民用反为殃。
>
> 清风两袖朝天去，
>
> 免得闾阎话短长。

丹心托月牌坊

意思是说：绢帕、蘑菇、线香这些东西本来是供老百姓享用的，可是因为贪官污吏的搜刮，它们反而给百姓带来了灾难。所以我什么也不带，只带两袖清风去朝见天子，免除百姓的不满。

然后，他果然不带一物，两袖清风地上路了。心狠手辣的王振果然怀恨在心，诬告于谦对朝廷不满，将其抓进大牢，判以死刑。

百姓感念于谦的恩德，听说于谦被抓，纷纷上书朝廷，抗议王振陷害忠良。王振迫于民愤，不得不借口抓错了人，将于谦放出监狱，官复原职。

刚正不阿、一心为民的清官，老百姓世世代代都会感怀他。

汝曹①若得一官半职，须做好官。
存好心，行好事，两袖清风，一尘不染。
——[清]沈起潜《沈氏家训》

①汝曹：你们。多用于长辈称呼后辈。

译文

你们如果当上一官半职，即使官位再小，也要做一个好官。心存善念，做利于他人和社会的事。做官廉洁，完全不受坏风气的影响。

小叮咛

"存好心，行好事"，简洁明了，这也是我们每一个人为人处世的基本准则。小朋友，就让我们时时刻刻以此提醒自己，保存一颗善良之心，多行一些善良之举，争做一个善良之人。

54. 坦荡为人，扪心无愧

腹䵍去私杀子

墨学大家腹䵍（tūn）居住在秦国。他很有学问，而且办事公正，深得百姓爱戴。有一天，他的儿子失手杀了人，被官府抓获。按照当时秦国的法律，杀人是要偿命的。

秦惠王很器重腹䵍，又怜悯他年迈，膝下就这么一个儿子，心想：要是杀了他的独子，他一定会伤心欲绝的！于是秦惠王对腹䵍说："先生已经年迈，又没有其他子嗣。寡人已命令官府赦免先生之子的死罪。先生就别担心了罢！"

腹䵍听了，一阵心酸，他满含泪水地回答道："大王免了犬子的死罪，这是大王对我的好意。可是国家制定了法律，'伤人者判刑，杀人者偿命'。法律是用来禁止伤人、杀人的，这是天下的正道。既然有法律，就该人人遵守。我不能只顾私情、无视法律啊！请大王依法处死犬子吧！"

一些大臣们听到这话，纷纷觉得腹䵍太固执了，就劝他："大王免了你儿子的死罪，这是对你特别的爱护和体谅啊！难道你就不心疼自己的儿子吗？"

腹䵍老泪纵横，哽咽地说："天下哪有不心疼自己孩子的父母呢？我当然心疼啊！但被犬子杀死的人，不也是别人的孩子吗？他的父母也会心疼啊！"

腹䵍请秦惠王不要违背天下人认同的大义，按照律法行事。他忍痛看着儿子被押往刑场处决。

聆听家训

圣人之道如大路然①，坦平易直②，荡荡平平。故当克己③去私，奉此以为准④。

——[清]方东树《大意尊闻》

①然：……的样子。

②易直：平易正直。

③克己：约束自己。

④准：准绳。

译文

圣人的行为准则就像一条大路的样子，平坦正直，坦坦荡荡。所以应当克制自己，去除私欲，以这样的要求为做事的准绳。

小叮咛

从腹䵍去私杀子这件事中，我们看到了腹䵍的大公无私和法律高于情理的规范。小朋友，你觉得腹䵍的做法对吗？当法律与私情产生矛盾时，你会做出怎样的选择呢？

55. 顾全大局

蔺相如和廉颇

赵国与秦国的渑（miǎn）池会结束以后，由于蔺相如劳苦功高，赵王封他为上卿，位在廉颇之上。

廉颇心里很不服气，愤怒地说："我是赵国将军，为赵国出生入死、身经百战，立下无数汗马功劳。他蔺相如有什么能耐？只不过靠着三寸不烂之舌，耍耍嘴皮子，反倒是爬到我的头上去了！况且他本来不过是个宦官的门客，出身低贱，我真是难以忍受！"廉颇还恶狠狠扬言说："如果让我遇见他，我一定要他好看！"

这番话传到了蔺相如耳里，从此他就处处回避廉颇。每到上朝时，他就推说有病，不愿和廉颇碰面。久而久之，他的门客都以为蔺相如害怕廉颇，私下议论纷纷。

有一天，蔺相如外出，远远看见廉颇骑着高头大马朝他这边过来。蔺相如急忙让车夫把车赶到旁边的小路上躲避，等廉颇的车马过去老远才出来。

同行的门客觉得匪夷所思，气愤地说道："我们之所以离开亲人来侍奉您，是出于对您的仰慕！如今您与廉颇同为上卿，您的地位还在他之上，他口出恶言侮辱您，您却处处躲着他避着他，为什

么这么害怕他呢？如此胆怯，我们私下为您感到羞耻！请让我们辞去吧！"

蔺相如劝阻道："我之所以回避廉颇将军，是有原因的。你们觉得廉颇将军和秦王相比，哪个厉害？""当然是秦王啊！"门客们不假思索地回答。

"以秦王的威严，天下哪有人敢反抗？但我蔺相如敢在大庭广众之下呵斥他，羞辱他的群臣。我蔺相如虽然无能，难道会怕廉颇将军吗？但是，我一想到强大的秦国之所以不敢攻打我们赵国，就是因为武有廉颇将军，文有蔺相如呀！如果我们两个起内讧（hòng）互相争斗，必然会伤及一方，到时秦国就会乘机攻打我们赵国。我这样隐忍避让，就是要把国家大计放在首位，把个人私怨放在后面啊！"门客们听了，都赞叹佩服。

后来这些话传到了廉颇耳里，他感到很羞愧。于是，他脱去战袍，背上荆条，到蔺相如的门前请罪。他自责地说："我是个粗野卑贱的人，见识短浅，想不到您竟是如此宽容忍让我！我深感惭愧，无地自容！"说着跪倒在地。

将相和泥塑

蔺相如赶忙上前扶起廉颇，解下他背上的荆条，说："将军不要自责，今后我俩一起协助大王治理好我们赵国，秦国便不敢来犯了。"

从此，蔺相如和廉颇二人成了生死与共的好友。

利在一身勿谋①也，利在天下者必谋之；利在一时固②谋也，利在万世者更谋之。

①谋：谋求，谋取。

②固：固然，当然。

——[五代十国]钱镠《钱氏家训》

译文

如果只对自己一个人有利，就不要去谋划；如果对天下人有利，就一定要去谋求。如果一件事情有一时之利，当然应该去做；而如果一件事情有万世之利，就更应该去做。

小叮咛

同样一件事情，让不同的人来做，结果就会大为不同。有差别的不是事情本身，而是做事情的人。如果蔺相如不考虑国家利益、长远利益，事情的结果会大相径庭。所以我们不应拘泥于个人、拘泥于当下，只有心胸宽广、眼光长远，才会拥有更广阔的天地。

56. 不移志，不贪财

故事会

谢弘微的义行

谢弘微是东晋人，幼时父母双亡，十岁过继给了膝下无子的堂叔谢峻。谢峻是太傅谢安的孙子。谢弘微的继叔父谢混有知人之名，一见到谢弘微，就认为他不同常人，将来必成大器。

后来谢混成了政治牺牲品，被刘裕所杀。朝廷命令谢混的妻子晋陵公主改嫁，并与谢家断绝关系。晋陵公主被迫离开谢家，离开前，她把家里所有的事都托付给了谢弘微。

谢混家累世做宰相，是当时顶尖的豪门望族，产业丰厚。当时人们都说谢弘微交了好运，得了这笔巨财，够享用好几辈子了。然而，谢弘微在接管这笔家产后，并未占为己有，而是精心理财。虽然他已是朝廷官员，公事繁忙，却还是忠人所托，悉心操持谢混全家的生计，哪怕一文钱、一尺布的开支，都清清楚楚地记录在账簿里。

谢混死后九年，刘裕推翻晋室，建立了刘宋王朝。谢混的罪责不再被追究，晋陵公主也可以重新回到谢家。离开九年，重返家中，当晋陵公主一进门，看到家里的状况是：房屋整齐洁净，仓库充足，门徒仆从俨然有序，和九年前没有什么分别。更让她意外的是，家里的土地和田产比她离开时还要多！

想到死去的丈夫，看到家里的情况，晋陵公主不禁热泪盈眶。她非常感慨地说："谢混平生最看重弘微这孩子，他真的没有看错人啊！他泉下有知，也该欣慰了！"

后来，晋陵公主去世，留下的财产数以千万，还有田宅十几处。人们都说，这些产业很多是谢弘微经营发展起来的，应该归他。谢弘微却什么也没要，就连公主的丧事，还是他用自己的俸禄办理的。

聆听家训

临①财不争，则无耻辱之患②；
对食不贪，盖③是修身之本。
——[唐]杜正伦《百行章》

①临：面对。
②患：忧虑，担忧。
③盖：句首语气词。

译文

面对财产不争抢，就不会有耻辱的担忧；面对食物不贪心，即是修养身心的根本。

小叮咛

在巨大的财富面前，谢弘微不移志、不贪财，他心思澄明，行为高尚，令人敬佩。在当今这个物欲横流的大千世界，我们只有禁得住考验，不被利益诱惑，坚持自己的初心，才能成为一个富有正能量的人，才能营造和谐、友善的社会氛围。

57. 为人准则："能勤能敬"

故事会

曾国藩的言传身教

曾国藩被称为清王朝"中兴第一名臣"，是清朝货真价实的"高干"。他学识渊博，见识宏阔，文武兼备，他的家教家风更是令后人传诵。

曾国藩教子有方，他的理念是"身教重于言教"。他尤其重视自己的一言一行对子女的影响，凡是要求子女做到的，他都先要求自己做到。他时刻铭记祖父的家训，那就是"早、扫、考、宝、书、蔬、鱼、猪"。"早"就是要早起，曾国藩一生都是黎明即起，每天只休息四五个小时；"扫"即洒扫庭院；"考"即诚心祭祀祖先；"宝"即以邻为宝，维护好邻里关系；"书"就是多读书学习；而"蔬""鱼""猪"是指种菜、养鱼、养猪，保持自力更生。

为了使两个儿子读书明理，曾国藩规定他们每天必须做四件事，即"看、读、写、作"。"看""读"要坚持每天五页纸

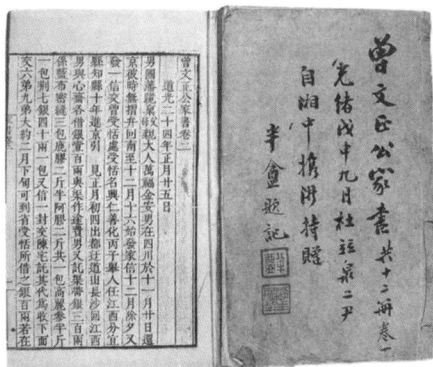
《曾文正公家书》书影

145

以上，"写"要每天至少写百字，"作"要逢三逢八日作一文一诗。虽然父子经常相隔千里之遥，但曾国藩一有空闲便不厌其烦地写信回家，悉心指点。这种指点很少摆出老子的资格，更像是朋友的推心置腹、老师的循循善诱。他不光要求儿子学习中国的经史子集、天文历法，还要学习外国知识——这也是当时守旧的"封建脑瓜"所做不到的。在他的严格要求、悉心教导下，儿子曾纪泽诗文书画均有造诣，精通多国语言，成了清朝著名的外交家；曾纪鸿成了著名的数学家，且精通天文、地理。

曾国藩虽然位列三公，地位显赫，但仍然提倡节俭勤劳，反对奢侈懒惰，他不让子女在北京、长沙这些繁华的地方居住，怕他们被浮华所腐蚀。他要子女安安静静地住在县城老家，并告诫他们，饭菜不能太丰盛，衣服不能过分华丽，家门再显赫也不能张扬。

曾纪芬是曾国藩的小女儿，虽然最受父亲宠爱，但在严格的家教下，从来没有享受过贵族小姐的奢侈富贵。曾纪芬十几岁时，曾国藩恰好担任两江总督。有一次，她跟着母亲去南京的两江总督府，当时她上身穿了一件蓝呢小夹袄，下身配了一条缀青花边的黄绸裤。曾国藩一看见这条裤子，就立马绷紧了脸。他觉得青花边实在太繁复、太华贵了，责令女儿即刻去换掉。曾纪芬只得回屋换了一条没有花边的绿裤子。其实，那条黄绸裤还是曾纪芬去世的嫂嫂留给她的，就连这条绿裤子，也是她嫂嫂留下、姐姐穿过再传给她穿的。

正因为曾家家风淳朴奋进，家训代代相传，曾氏后代人才辈出，影响深远。

一家能勤能敬，虽乱世亦有兴旺气象；一身能勤能敬，虽愚人亦有贤智①风味。

①贤智：指贤人。

——[清]曾国藩《曾文正公家训》

译文

一个家族如果能够做到勤、敬，即使处于乱世，依然能够兴旺发达；一个人如果能够做到勤、敬，即使天资愚笨，依然会有贤人风范。

小叮咛

小朋友，"勤""敬"二字要记于心并且践于行。"做人要讲德行，做事要勤劳"，因为德乃做人之本，有德无才，还可以培养造就；而有才无德，就是祸患，即使得益一时，最后也要吃大亏。而"勤劳"永远不会过时，世上从来没有不劳而获的事情，从古至今，成大事业者无不在各自的领域辛勤耕耘。

58. 忠信、仁义不可丢

颜真卿的铮铮铁骨

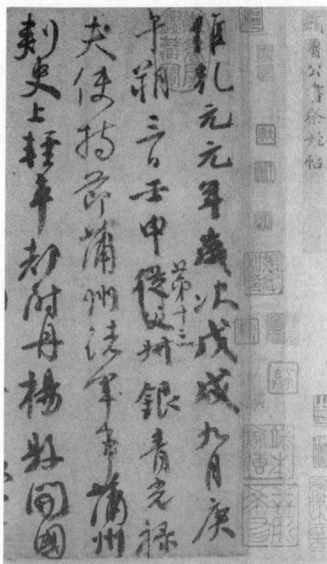

颜真卿书法

公元782年，淮西节度使李希烈反叛，自号建兴王、天下都元帅。这可把唐德宗李适吓坏了，他赶紧下令，让颜真卿前往许州去招抚——当时颜真卿已七十多岁。

满朝文武都为颜真卿捏了一把冷汗，家人也纷纷劝他："这次去许州，肯定是凶多吉少，你还是别去了吧！"可是皇上的命令怎能违抗呢？颜真卿向家人交代好相关事宜，第二天就出发前往许州。

他刚到许州府门前，一群人就"里三层外三层"地将他团团围住，有几个彪形大汉指着他，粗声说："姓颜的，你赶快滚出这里，不然就宰了你！"说着就拿出明晃晃的刀子。颜真卿心里明白，这是李希烈一手策划的。他不动声色，怒视着这帮凶神恶煞的人。大家见颜真卿凛然不动，一副视死如归的样子，却也不敢轻举妄动。这时，李希烈从府上出来，假意喝退这帮人，

恭敬地将颜真卿迎到府里。同李希烈一同反叛的李纳、王武俊一见颜真卿，谄媚地说："我们早就听闻颜太师德高望重，今天大驾光临，恰好现在李都统改号称帝，真是上天把宰相赐来啦！"

颜真卿明白这些人的用意，呵斥道："什么宰相！我已经一大把年纪，知道什么时候该守节而死，怎么会在你们的利诱面前低头呢！"转身又对李希烈说："你不忠不义，宁可当乱臣贼子，是要自取灭亡吗？"

李希烈恼羞成怒，将颜真卿囚禁了起来。关了大半个月，颜真卿依然不改初衷。一天，李希烈命人在庭院里挖了个深坑，他把颜真卿带到那儿，威胁道："你要是归顺我，我保证让你大富大贵，不然，我就活埋了你！"颜真卿冷笑着说："你何必搞这么多花样？你现在刺死我，岂不省事？"李希烈见他冥顽不灵，只好又将他关押。

一年后，朝廷发布赦令，李纳、王武俊见大势不好，赶紧上表请求降服。李希烈得知后，大发雷霆，说："我现在兵强马壮，富可敌国，看谁还敢跟我作对！"于是筹划着登基。但因为不知道登基程序和礼仪，他又来找颜真卿。颜真卿愤愤地说："我只知道诸侯臣子拜见天子的礼仪，不知道逆贼怎么登基！"李希烈气急败坏，威胁道："你这个老不死的，再不肯服从我，我就烧死你！"熊熊大火被点燃，颜真卿起身跳入火海，但被人一把拉住。原来李希烈还想从颜真卿身上得到什么，并不想真的烧死他。

不久，李希烈在汴梁称帝，改汴梁为大梁。颜真卿仍铁骨铮铮，宁死不屈。穷凶极恶的李希烈下令处死他。临刑前，颜真卿大义凛然，大骂李希烈是"反贼"，就连行刑的人都被他的情操感动！

忠信之礼无繁①，文②惟辅质③。
仁义之资不匮，俭以成廉。

——[明]吴麟征《家诫要言》

①繁：繁琐，藻饰。

②文：文采。

③质：内容。

译文

忠诚信实的制度和礼节不需要繁复藻饰，文采只是辅助礼节的内容。仁爱和正义的资质不缺乏，俭省节约就能成就廉洁。

小叮咛

颜真卿为国尽忠尽义，他忠信大义的气节和人格，就像他的书法"颜体"一样，流芳千古，被世人传颂。小朋友，我们这个社会主义国家、这个伟大的新时代，也需要这样的精神、这样的人。

59.扬鞭催马自奋蹄

爱国，从一板一球做起

童年的邓亚萍，受当体育教练的父亲的影响，立志做一名优秀的运动员。但由于个子矮，体校的大门没能向她敞开。于是，她跟父亲学起了打乒乓。父亲规定她每天练完体能课后，必须做一百个接发球的动作。邓亚萍为了使自己的球技更熟练，基本功更扎实，便在自己的腿上绑了沙袋，而且把木板换成了铁板。腿肿了，手掌磨破了，这都是家常便饭！但她从不叫苦喊累，负责训练的父亲有时心疼得掉眼泪。

付出总有回报，十岁的邓亚萍便在全国少年乒乓球比赛中获得团体和单打两项冠军。国家女队主教练张燮（xiè）林慧眼识人，吸收她进入国家队。1988年亚洲杯女单决赛最后关头，对手打了一个擦边球，裁判判为出界，邓亚萍默认了误判并随之获胜。事后，她向教练认错，向对手也是队友的李惠芬赔礼道歉，此后她牢记"张导"的教诲："赢就赢得光彩，输也输得大度。"

在队里，她多病的身体得到关俨（yǎn）、崔树清、毛雨生等医生的细心呵护，特别是关大夫，还在生活上给予她无微不至的关怀；还有一些男选手牺牲自己的时间，一心一意给她当陪练……

每当想起这些，邓亚萍心里就涌起一股暖流："国家在并不宽裕的条件下，给我提供了一流的训练设施，配备了优秀的教练，我们吃的、穿的、用的也几乎都是国家提供的，是祖国母亲的乳汁养育了我。"从此，邓亚萍训练更加刻苦了。

在十四年的运动生涯中，她共拿到了十八个世界冠军，在乒坛排名连续八年保持世界第一。她用实力证明了自己，更为祖国争得了荣誉。

聆听家训

子孙能自奋励，致身青云[1]，宗祏[2]所藉匪轻。必宜丰其资给，使无内顾，以遂其廉。

——[明]闵景贤《法楹》

[1]青云：比喻高官显爵。
[2]宗祏（bēng）：宗庙，家庙。

译文

子孙后辈能够通过自身的努力，出仕成为高官显爵，那么宗庙所能凭借的也必定不轻微。长辈们必然应当丰厚地供给，使其没有家里的顾虑，从而能够实现廉洁。

小叮咛

邓亚萍并没有具备很好的天赋，但是她勤奋努力，付出了比别人更多的汗水和泪水，她用一板一球书写了自己辉煌的人生，也书写了对祖国的热爱。小朋友，你从她身上学到了什么呢？

吴隐之饮贪泉

贪泉

吴隐之是东晋人，他学富五车，为官清廉自守。他曾担任东晋将领谢石的主簿。吴隐之的女儿要出嫁，谢石知道他家穷，便吩咐手下人带着办喜事所需的各种物品去帮忙操办。到了吴隐之家，只见冷冷清清，毫无办喜事的气氛，一婢女牵了一只狗要去集市上卖。原来吴隐之要靠卖狗的钱来给女儿置办嫁妆！

简文帝听说吴隐之的清正廉洁，对他大为赞赏，将他提升为广州刺史。广州离京都千里之遥，而且盛产奇珍异宝，物产丰富。许多官员自恃天高皇帝远，无法无天，大肆敛财。皇帝多次派人彻查贪官，可这些人不知悔改，百般为自己开脱罪责，声称："之所以收受贿赂，是因为赴任途中误饮了贪泉水。"贪泉是距广州二十里的一处泉水，是官员到广州上任时的必经之地。

吴隐之上任路经此地时，特意命人取"贪泉"水。家人劝他还是小心点好，吴隐之不听，不仅喝了水，还赋诗励志：

古人云此水，一歃（shà）怀千金。

试使夷齐饮，终当不易心。

他觉得，只要心中无贪欲，无论喝多少都不会贪。他要用实际行动证明那些贪官污吏是在砌词狡辩。后来吴隐之任满回京时，一点金银宝物也没带上。他的夫人买了一斤沉香，吴隐之发现后扔到河里，那条河因此被称为"沉香浦"。

聆听家训

人家不论贫富贵贱，只内外勤谨，守礼畏①法，尚②谦和，重廉耻，便是好人家。

——[清] 张履祥《训子语》

①畏：敬畏。
②尚：推崇。

译文

一个家庭无论贫穷或富裕、地位高贵或低下，只要对内对外都做到勤勉严谨，遵守礼仪，敬畏法度，崇尚谦和，注重廉耻，就肯定会是一个好家庭。

小叮咛

小朋友，吴隐之廉洁无私，一身正气，既管好自己，又管好家人，自己能够遵纪守法，家人能够知礼守法，让自己和家庭成员共同做到廉洁自律。这样的人才会令人敬重，这样的家庭才是"好人家"。

附录：

家训档案

序号	朝代	作者介绍	作品介绍
1	三国	诸葛亮（181—234），字孔明，人称"卧龙"，琅邪阳都（今山东沂南南）人，三国时蜀汉政治家、军事家。	《诫子书》是诸葛亮劝勉儿子勤学立志、修身养性的一封书信，作者提出了做人治学的具体途径。
2	南北朝	颜之推（531—约590后），字介，琅邪临沂（今属山东）人，北齐文学家。	《颜氏家训》分序致、教子、兄弟、治家、风操等20篇，以儒家经典为据，强调封建道德伦理规范。
3	唐代	李世民（599—649），即唐太宗，626—649年在位。唐高祖李渊次子。	《帝范》共12篇，是唐太宗为教导太子李治而作，讲述持身治国之道。
4	唐代	杜正伦（？—约659），相州洹水（今河南安阳）人，唐朝宰相。	《百行章》按品行立章，每章阐述一项品行，涉及恭、勤、俭、贞、信、义、廉等品行，核心是灌输儒家伦理价值观。
5	唐代	佚名	《太公家教》多为四言韵语，语言浅显，阐述了人们应遵循的道德行为规范。全书贯穿了忠孝、仁爱、修身、勤学的思想，教导人们去恶存善。
6	五代十国	钱镠（852—932），字具美，杭州临安（今属浙江）人，五代时吴越国建立者。	《钱氏家训》从个人、家庭、社会和国家四个角度出发，为子孙订立了为人处世的准则。
7	宋代	李邦献（生卒年不详），字士举，怀州（今河南沁阳）人，北宋末年"浪子宰相"李邦彦的弟弟。	《省心杂言》又称《省心录》，以格言形式论述人生哲理，大致是讲如何修身治家，入世为官后如何自律、防微杜渐等。

序号	朝代	作者介绍	作品介绍
8	宋代	赵鼎(1085—1147),字元镇,自号得全居士,解州闻喜(今属山西)人,南宋初大臣。	《家训笔录》共30则,反映了当时世家大族内部的生产生活情况,包括岁时享祀、课租收支、田产管理、婚嫁资送等规定,可看出作者严谨治家、廉勤节俭的治家风范。
9	宋代	杨简(1141—1225),字敬仲,号慈湖,慈溪(今属浙江)人,南宋哲学家。	《纪先训》记录了200多条其父杨庭显的修身教子齐家治国之方,以此训诫子弟后人。
10	宋代	陈氏族人	《义门陈氏家训》是江州义门陈氏族人整理的家族管理制度,包括孝父母、笃友恭、忠群国、勤本业、崇节俭等内容。
11	明代	朱棣(1360—1424),即明成祖,1402—1424年在位,年号永乐。朱元璋第四子。	《圣学心法》是效仿唐太宗《帝范》之作,是历代圣贤治国方略语录之大成,阐述了作为君王应具备的修养和才能。
12	明代	仁孝皇后徐氏(1362—1407),明成祖朱棣嫡后,濠州人,大将军徐达之女,以"贤明博学"著称。	《内训》共20篇,涉及德性、修身、慎言、谨行等诸多方面,体现了对女性独立自主精神的倡导,对女性自我价值的肯定。
13	明代	王廷相(1474—1544),字子衡,号浚川,河南仪封(今兰考)人,明代哲学家、文学家。	《慎言》共13卷,分《道体篇》《乾运篇》《见闻篇》《潜心篇》《御民篇》等。

序号	朝代	作者介绍	作品介绍
14	明代	刘良臣（1482—1551），字尧卿，号凤川，芮城（今属山西）人，明代官员。	《凤川子克己示儿编》是作者隐居乡间时所撰的一部修身治家之作，包括正心、持身、居家、理财、明经、接人、崇礼等内容。
15	明代	项乔（1493—1552），字迁之，号瓯东，永嘉（今浙江温州）人。	《项氏家训》开篇抄录明太祖《训辞》六语，要求族人子孙共同遵守；后详载了祭祀、丧葬、婚娶、子弟教育、家族管理等各方面事务的规定。
16	明代	方弘静（1517—1611），字定之，号采山，新安（今属安徽）人。	《方定之家训》又名《燕贻法录》，以教导子弟读书、做人、治家的道理为主，指出要清廉节俭、行善除恶、耕读传家、安贫乐道。
17	明代	王樵（1521—1599），字明远，号方麓，南直隶金坛（今属江苏）人。曾任刑部主事、都察院右都御史等。	《王樵家书》收录了王樵写给侄儿、儿子的家书共109通，以自己的人生经历，就读书、做官、处世、治家等方方面面的问题，对家中晚辈进行了细致教导。
18	明代	袁黄（1533—1606），字坤仪，号学海，后改了凡，浙江嘉善人。崇尚程朱理学。	《了凡四训》是一部具有劝善书性质的家训著作，有"立命""改过""积善""谦德"四个部分，分别来自作者不同年龄阶段的不同著作。《训儿俗说》包括立志、敦伦、事师、处众等，阐述了做人、治家的基本规范。

序号	朝代	作者介绍	作品介绍
19	明代	吕坤（1536—1618），字叔简，一字心吾或新吾，宁陵（今属河南）人，明代学者。	《四礼翼》包括《冠礼翼》《婚礼翼》《丧礼翼》《祭礼翼》，是作者有感于冠、婚、丧、祭四礼在人生中的重要作用而撰的，书中所述内容是对古礼的一种补充。
20	明代	姚舜牧（1543—1622），字虞佐，号承庵，乌程（今浙江湖州）人，万历元年（1573）举人。	《药言》共128条，是作者训示后人之作，主要源于他的人生经验与心得体会，内容包括治家、教子、处世、择业等方面。
21	明代	徐三重（1543—1621），字伯同，号鸿洲，松江华亭（今上海）人，一生专事读书治学。	《鸿洲先生家则》又称《徐氏家则》，是作者为家族制订的一部行为规范，共58则。全书涵盖祖宗祭祀、子孙教育、礼法德行、日常家用等方面，对家族各方事物都有详细安排和训诫。
22	明代	何尔健（1554—1610），字明甫，号乾室，曹州（今山东菏泽）人。居官清廉刚正，世称"铁面御史"。	《廷尉公训约》是作者为族人制订的一部规约，共14条，包括丧葬祭祀、孝悌安分、守身励学、勤俭省约、力戒利欲嫖赌争斗，以及读书做人、治家教子等内容。
23	明代	王象晋（1561—1653），字荩臣，号康宁，桓台（今属山东）人，明代文学家、医学家。	《清寤斋心赏编》主要收录历代祛病延年、居家宜忌、道德修身等方面的论述，分葆生要览、淑身懿训等六章。

序号	朝代	作者介绍	作品介绍
24	明代	吴麟征（1593—1644），字圣生，号磊斋，谥忠节，海盐（今属浙江）人。	《家诫要言》是吴麟征居官时写给子弟的家书，由其子摘其要语辑成，故称"要言"。全书共73条，前半部分论述修身立志、交友求学等内容，后半部分多亡国前夕悲苦之音。
25	明代	闵景贤（生卒年不详），字士行，乌程（今浙江湖州）人，大约生活于晚明时期。	《法樀》又名《教家法樀》，全书分前、后两部分：前半部分主要阐述作者自己的观念主张；后半部分主要撷取前人教家训子的事迹，作为子弟戒鉴。
26	清代	张履祥（1611—1674），字考夫，号念芝，浙江桐乡人，明末诸生。学者因其居杨园村而称之为"杨园先生"。	《训子语》是张履祥晚年为训示儿子维恭而作，主要在于告诫儿子立身居家之道，希冀子孙能积善，耕读传家。
27	清代	朱柏庐（1617—1688），名用纯，字致一，自号柏庐，昆山（今属江苏）人。明生员，清初居乡教授学生。	《朱子家训》又名《朱柏庐先生治家格言》《朱子治家格言》。全文仅500余字，阐述了修身齐家和为人处世的基本原则，内容切近日常生活，言简意赅。
28	清代	靳辅（1633—1692），字紫垣，辽阳（今属辽宁）人，隶汉军镶黄旗。	《庭训》共18则，内容涉及治家、待人、为官、交友、教子等方面。书中阐述了治家要勤，持家要俭，为官要清、慎、勤等观点。

序号	朝代	作者介绍	作品介绍
29	清代	爱新觉罗·玄烨（1654—1722），即清圣祖，1662—1722年在位，年号康熙。世祖第三子。	《庭训格言》是雍正皇帝追述其父康熙平素对诸皇子的教诫之语，为语录体，内容涉及为学、为君、处世、生活之道等，共246则。
30	清代	王心敬（1656—1738），字尔缉，号丰川，陕西鄠（hù）县文义里（今陕西户县苍游镇）人。以讲学和著述为业。	《丰川家训》共三卷，从立身、治家、为官三个方面为家族子弟指出一途，大都是作者半世甘苦经验之得。
31	清代	汪辉祖（1731—1807），字焕曾，号龙庄、归庐，萧山（今属浙江）人，清代良吏。	《双节堂庸训》是作者晚年免职返乡后为教导子孙所作，分述先、律己、治家、应世、蕃后、述师述友等内容。
32	清代	夏敬秀（1736—1800），字吉修，号虚泉，江阴（今属江苏）人。以授徒为业。	《正家本论》是作者游学汶上时所著，主要阐述持家、为人、处世之道，并列举了一些应当遵循的道德行为规范。
33	清代	纪大奎（1746—1825），字向辰，号慎斋，临川（今江西抚州）人，清代史学家、文学家。	《敬义堂家训》是作者记录父亲平日的训诫之言，并加以推广其意而成的一部家训著作，阐述了治家、读书、教子等方面的内容。
34	清代	沈起潜（1768—?），字芝塘，浙江仁和（今杭州）人。	《沈氏家训》以门为类，分31门，涉及立身处世的方方面面，体现了宗族社会对个人品行的基本要求。

序号	朝代	作者介绍	作品介绍
35	清代	方东树（1772—1851），字植之，自号仪卫老人，安徽桐城人。师从姚鼐，与梅曾亮、管同、姚莹并称"姚门四杰"。	《大意尊闻》作于道光二十年（1840），系统阐述了有关读书、教子、处世的道理，辞约而意丰、言近而旨远。
36	清代	但明伦（1782—1853），字天叙，号悖五，又号云湖，贵州广顺州（今贵州长顺）人。	《诒谋随笔》是一部随笔式家训，涉及治家教子、为人处世、读书治学等内容，意在训诫子孙，遗泽后代。
37	清代	曾国藩（1811—1872），原名子城，字伯涵，号涤生，湖南湘乡白杨坪（今属双峰）人，清末洋务派和湘军首领。	《曾文正公家训》共收录曾国藩教子家书120篇，涉及内容广泛，大到经邦纬国、行军打仗、内政外交，小到家庭生计、居家日常等。
38	清代	左宗棠（1812—1885），字季高，湖南湘阴人，晚清军事家，洋务派首领之一。	《左宗棠家书》是左宗棠写给夫人、仲兄、子侄的信件，书中涉及作者经历的一些军事活动外，大部分是对家人的嘱托和叮咛。
39	清代	丁宝桢（1820—1886），字稚璜，贵州平远（今织金）人，晚清名臣。去世后赠太子太保，谥文诚。	《丁文诚公家信》汇集了丁宝桢写给其长子丁体常的12封亲笔家信，向儿子传授为官理政、修身报国之道。
40	清代	陕西白河黄氏族人，系北宋著名文学家、书法家黄庭坚的后裔。	《黄氏家规》共20条，是光绪年间白河黄氏族人修订而成，以"豫蒙养""崇勤俭""务职业"等为主要内容，教育黄氏后人砥砺奋进、艰苦创业。

图书在版编目（CIP）数据

中华家训代代传 . 爱国篇 / 吴荣山，祝贵耀总主编；
姚彩萍，张君杰本册主编 . -- 杭州：浙江古籍出版社，
2023.1

ISBN 978-7-5540-2415-7

Ⅰ . ①中… Ⅱ . ①吴… ②祝… ③姚… ④张… Ⅲ .
①家庭道德—中国—青少年读物 Ⅳ . ① B823.1-49

中国版本图书馆 CIP 数据核字（2022）第 205621 号

中华家训代代传·爱国篇

吴荣山　祝贵耀　总主编

姚彩萍　张君杰　本册主编

出版发行　浙江古籍出版社

（杭州体育场路 347 号　电话：0571-85068292）

网　　址　https://zjgj.zjcbcm.com

责任编辑　潘铭明

责任校对　张顺洁

封面设计　李　路

责任印务　楼浩凯

照　　排　杭州立飞图文制作有限公司

印　　刷　北京众意鑫成科技有限公司

开　　本　710mm×1000mm　1/16

印　　张　10.5

字　　数　117 千字

版　　次　2023 年 1 月第 1 版

印　　次　2023 年 1 月第 1 次印刷

书　　号　ISBN 978-7-5540-2415-7

定　　价　59.80 元

如发现印装质量问题，影响阅读，请与本社市场营销部联系调换。